中华民族
传统家具大典

**Encyclopedia of
Chinese Traditional Furniture**

张福昌
主编

场景卷

清华大学出版社
北京

内 容 简 介

本书是第一部系统反映我国代表性地区和少数民族传统家具历史和特色的家具大典，全书共有四卷，分别为地区卷、民族卷、场景卷和综合卷。本卷为场景卷，编辑此卷的目的是为了让读者更好地理解中国传统家具与建筑、室内布局和传统民俗文化的紧密关系，了解传统家具在不同场合的不同组合，不同使用功能和场合需要设计不同的传统家具，以及同一种功能在不同地区有着不同的家具品类。本卷根据我国国情分成 7 章，分别为：宫廷王府家具场景、宅邸家具场景、衙署家具场景、宗教庙宇家具场景、园林家具场景、名人故居家具场景、部分地域民居家具场景。每章都图文并茂地进行了介绍。

本书既可供国内外图书馆收藏，也可供从事家具、室内、建筑设计的生产企业与研究单位的工作人员参考，还可作为家具与工业设计、环境设计、设计艺术学、设计文化等学科的师生和喜好我国传统家具及文化的读者的参考资料。

图书在版编目 (CIP) 数据

中华民族传统家具大典 . 场景卷 / 张福昌主编 . -- 北京 : 清华大学出版社，2016
ISBN 978-7-302-43300-2

Ⅰ . ①中⋯　Ⅱ . ①张⋯　Ⅲ . ①家具 – 介绍 – 中国　Ⅳ . ① TS666.2

中国版本图书馆 CIP 数据核字（2016）第 051681 号

责任编辑：张秋玲
封面设计：傅瑞学
责任校对：刘玉霞
责任印制：杨 艳

出版发行：清华大学出版社
　　　　　网　　　址：http://www.tup.com.cn，http://www.wqbook.com
　　　　　地　　　址：北京清华大学学研大厦 A 座　　邮　　编：100084
　　　　　社　总　机：010-62770175　　　　　邮　　购：010-62786544
　　　　　投稿与读者服务：010-62776969，c-service@tup.tsinghua.edu.cn
　　　　　质量反馈：010-62772015，zhiliang@tup.tsinghua.edu.cn
印 装 者：三河市中晟雅豪印务有限公司
经　　销：全国新华书店
开　　本：210mm×285mm　　印 张：29　　字　数：711 千字
版　　次：2016 年 5 月第 1 版　　　　　印　次：2016 年 5 月第 1 次印刷
定　　价：198.00 元

产品编号：066037-01

编 委 会

特别鸣谢

  本书是以中国几代从事传统文化和传统家具教育与研究的院校师生、从事传统家具生产和经营的企业家、从事传统家具收藏的艺术家和爱好者，长期积累的成果为基础编著而成的。本书在编写过程中特别得到了下列院校、企业和个人的热情支持和无私帮助，在此向他们表示崇高的敬意！

单位：

  江南大学设计学院

  江南大学设计科学与文化研究所

  南京林业大学家具与工业设计学院

  东北林业大学材料科学与工程学院

  北京林业大学材料科学与技术学院

  中南林业大学家具与艺术设计学院

  河南工业大学设计艺术学院

  广东轻工职业技术学院设计学院

  深圳祥利工艺家俬有限公司（友联为家）

  浙江宁波永淦进出口有限公司

  台湾工艺研究发展中心

  台湾台南·家具产业博物馆

  台湾"中国家具博物馆"

  香港华埔家具有限公司

  福建省连天红家具有限公司

  南通市永琦紫檀家具艺术珍藏馆

  东阳杜隆工艺品有限公司

  《家具》杂志社

  《家具与室内装饰》杂志社

  扬州工艺美术协会

  扬州漆器厂

  广东中山忠华瑞明清古典家具

  广东省东莞名家具俱乐部

  广西玉林民间收藏家协会等

个人：

田霖霞	平国安	王庆斌	王温漫	林秀娟	王美星	刘丽聪	朱方成	代福平
訾鹏	魏强	杨宛萤	李林芳	苏健	刘倩茹	邓利刚	徐秋鹏	刘曦卉
朱宁嘉	周林	李慧	刘俊哲	沈卓娅	赵来振	赵永淦	陈燕木	谢世强
周芳纯	边文虎	王少君	郭谕历	许丛瑶	吴如松	覃芳圆	田登刚	钟锦德
唐恬	葛美琴	冉祥飞	伍琴	朱瑞兴	莫沃佳	顾永琦	许熠萤	杨淳
牛晓霆	刘婷	李伟	肖雪霞	廖晓梅				

序 一

　　家具不但是人类的生活必需品，也是人类的宝贵文化遗产。中国是世界上屈指可数的传统家具文化大国，具有几千年的历史，家具的种类和数量为世界之最。但是，随着全球经济一体化和中国经济快速发展与大规模城市化，人们的生活方式和文化发生了巨大变化，现代家具高速发展、种类繁多。与此同时，随着人民物质经济生活水平和精神文化消费需求的不断提高，传统家具的生产制造和消费市场正在国内迅速扩大。

　　由张福昌、吴智慧、许美琪、胡景初、王逢瑚、林作新等10多位专家教授和企业的设计师编写的《中华民族传统家具大典》，着眼于以优秀传统家具为主体的中国传统文化遗产的挖掘、保护和传承，从全国各地收集、积累了几万张珍贵图片，经过精心挑选，编撰出这部展示中国代表性地区和少数民族传统家具类型，品种最多、规模最大的传统家具大型图书。

　　本书不但从学术上系统论述了中国传统家具的类型、特征等理论，内容也显著区别于目前大量出版的供收藏、拍卖和企业模仿参考的古典家具图册，在中国传统家具研究领域中既有地区和民族文化的广度，又有传统家具研究的高度和深度。本书作为对中华民族传统家具理论和实践的专项研究，在历史、地域、民族和文化的跨度上都具有代表性、典型性和开拓性，除了在家具学科方面的作用之外，在文物学、历史学、民族学、美术学等领域也都具有较高的学术研究价值和现实应用价值。本书以中国代表性地区和少数民族所创造的实用、经济、美观的民间"原生态"传统家具及其代表性的家具场景为主体，充分体现了传统的"以人为本"、"天人合一"的设计理念和传统家具绿色环保的特色。

　　本书特色鲜明，图文并茂，强调系统性、科学性、学术性、资料性、实用性和鉴赏性，展示了中国传统家具的博大精深及中华民族的无穷智慧和创造力。本书的编著出版符合国家经济、社会、文化的发展方向，不但能够弘扬中华民族的优秀传统文化、振奋民族精神、增强民族自信心，而且对中国家具产业继承优秀的传统设计理念和文化遗产，走有中国特色的创新发展道路具有十分重要的意义。可以说，这是一部兼具很高学术价值和社会价值的大型图书。

张齐生

中国工程院院士，南京林业大学教授

2014 年 10 月 14 日

序 二

　　中国传统家具历经几千年，其发展历程源远流长，灿烂辉煌，所达到的艺术造诣举世闻名，其影响遍及世界各地，几乎所有世界闻名的博物馆都有收藏。作为中华民族固有文化的重要组成部分，中国传统家具既是弥足珍贵的文化科学遗产，又是技术基因的重要载体。

　　传统家具不仅在历史上发挥了重大作用，对现代生活也有很大的影响。传统家具的造型、装饰和工艺对现代家具设计和生产都有启示和指导意义。许多现代经典家具中都包含中国元素，"中国传统家具系统中所蕴含的丰富理念为现代家具的主流成就提供了基石"得到了充分的论证。中国传统家具的精髓在于神，神乃中华灿烂文化的精神享受。中国古人在先哲的精神指引下，将神化物，不懈追求，让家具设计日臻完美，使得中国家具在世界家具史上独树一帜。

　　本书的作者都是分布在全国各地长期从事传统家具研究的学者及企业的设计专家，他们经过长期的系统研究，拾遗中国传统家具的美质，传承中国民族家具的款式，积累了大量的精美图片素材，尤其在各地区家具和少数民族家具方面具有系统性、完整性和独创性。本书全面介绍了中国传统家具的造型、装饰、结构、材料及工艺，并通过对代表性地区及少数民族家具的分析介绍，展现了原汁原味的地域特色和民族风情家具，既有理论高度，又有实用价值。

　　随着中国现代化建设的进展以及人民物质生活和精神生活水平的提高，人们的审美也趋于多样化和丰富性。本书内容丰富全面、结构合理、叙述严谨、信息量大，是一部中国民族传统家具方面的综合性著作，对弘扬民族传统文化、推动中国家具事业的延续传承与创新发展都有着深刻而重大的意义。

中国工程院院士，东北林业大学教授

2014 年 10 月 10 日

前　言

随着信息革命、知识经济时代的到来，大工业时代的"大量生产、大量消费、即用即丢"的大工业文明将随之成为历史，整个世界尤其以发达国家为代表，正由物的不足转向精神的不足，由物质消费转向精神文化消费。随着世界科技的日新月异，全球经济一体化，商品竞争国际化，世界已进入一个崭新的设计文化时代。

大工业时代划一的工业产品充斥世界每个角落，尽管改变了人们的生活方式和生活文化，但是人们越来越深刻地认识到，以牺牲环境为代价的大工业文明造成了全球性的自然生态破坏，引发了越来越多的对人类生存构成严重威胁的自然灾害。同时人们也认识到，大工业时代也导致了曾经创造辉煌的世界各国特色鲜明的传统文化正在迅速衰亡，各民族的文化生态也受到了不同程度的破坏，诱发了种种社会问题。

随着全球经济一体化和文化产业的发展，随着人们生活质量的提高，对精神文化的需求和对个性化的要求日益增强，因此，在新的技术革命和知识经济时代的条件下，整个世界都在重新审视和评价各国的传统文化，都在重新发现传统文化的美，同时把发掘和振兴地域传统文化作为发展经济的战略之一。正是在这样的背景下，具有5000年文明历史的中国传统文化产业再次受到世界和国人的关注，中国的传统古旧家具也成了国内外收藏的热门产品。

家具是人类衣食住行中必不可少的。人生的三分之一因睡眠而在床上度过，还有三分之一是因生活、工作而在桌椅上度过的。

家具是一门古老而年轻的学科，说其古老，是指世界家具有几千年历史；说它年轻，是指对家具进行科学研究的历史仅半个多世纪。家具伴随着人类的种种需求而创造，伴随着生活方式的变化、科技的进步而日新月异，伴随着各地不同的自然资源、传统文化及民俗而呈现出千姿百态、五彩斑斓的地域特色。

中国地域辽阔，人类历史文化和自然遗产丰富，人口和民族众多，在漫长的历史进程中，各族民众利用当地丰富的资源，发挥聪明才智，创造了无数世代相传、经济、实用、美观、特色鲜明的家具，因此，从某种意义上说，中国是世界上屈指可数的家具文化大国，其种类和数量可称世界之最，可以称得上是世界家具博物馆。

然而，长期以来，人们似乎只知道中国的明式家具和清式家具，却对平民百姓日常生活中所创造和使用的家具熟视无睹。虽然我们世世代代、年复一年、日复一日地接触这些极其普通的家具，但是对其了解甚少，甚至可以说是一片空白。历史总带有偏见，总是记载帝王将相、达官贵人的一切，而真正创造人类文明的民众以及他们创造的无数充满智慧的生活用品却总被遗忘。这些文化遗产尽管在历史上很少被人刻意地收集、整理和保存下来，但她仍以强大的生命力伴随着人类生活文化而不断地继承和创新到今天。如果说明式家具是中国传统家具的典范，那么各族人民在历史的长河中用智慧所创造的无数传统家具则组成了中国家具的海洋。传统家具绝不是民间那些简单、低俗的家具的代名词，而是有着极其丰富的内涵。

本书之所以不用"民族家具"，是因为在同一地域聚居多个民族，其生活用品有相当数量是相同的；之所以不用"民间家具"，是因为传统有广泛的文化内涵，不仅仅是相对达官贵人而言，还包含其他阶层的人群和习俗。本书所述的"传统家具"，是指一种深具文化内涵的生活用具，它表现了各时代、各地域、各民族的物质和精神风貌，深深打上了中国传统民族文化的烙印。传统家具是家具与传统文化相结合的产物，除了具有家具的基本特征外，更主要的是受到传统文化背景和资源环境的影响，是中国优秀传统文化的物化表现。中国的传统家具，几千年来始终保持着鲜明的地域和民族的传统文化特征。

尽管在古代还没有人体工学的研究，但是我们的祖先早已根据自身的人体尺寸创造了各种符合人体工学的器具。如农具，同样的犁，东西南北各地尺寸都不一样；椅子，男女尺寸有别；儿童用的立桶，可以随着孩子的成长调节高度。

尽管古代中国没有材料学和生态学的研究，但我们的祖先早已根据不同的功能合理选材，并有效使用材料。特别是利用竹材的特性创造了无数的竹家具、竹工艺、竹工具制品，以及建筑、桥梁、交通工具等。这些物品不但是中华民族的创举，也是对人类社会的贡献。这些物品废弃后又回归自然，周而复始，良性循环，和谐发展。

尽管古代劳动人民没有富裕的物质条件，但是各族人民发挥聪明才智，根据生活和生产的需要，遵循"天人合一"的理念，因地制宜，就地取材，因陋就简，创造了无数实用、经济、美观、朴实的家具和工具；尽管古代还没有系统论的研究，但是我们的前人早就以自己的民族文化为指导，创造了具有鲜明文化特色的系列产品，其中尤以与建筑风格一致的成套系列家具为典型。如苏式家具与江南民居十分协调；又如十里红妆家具，其功能的完善，品种的齐全，造型、色彩、装饰风格的一致，以及制作的精美，令人赞叹不已。

此外，像儿童藤睡床，取开床面活动小板，孩子可坐，盖上可睡；楼梯椅既可作座椅，也可作楼梯使用；钓鱼凳上面为椅面，下面为桶，可存放钓上的鱼，一物多用；菜橱柜，上部有橱门，可存放熟食防虫，下部有开敞框架，可存放蔬菜及不用器物；秧凳下部用一大块翘头平板，既便于向前移动又不会下陷；榨凳利用了物理杠杆的作用，既省力又便于移动；枕箱可将最重要的物品放在枕内，较为安全；清代竹编葫芦提梁餐具篮，用将近30件物品，组合成一个葫芦形的提篮；还有轻巧而便于储存和携带的折叠交机等。这些科学合理的古旧家具不仅使我们对前人的创造深感钦佩和震撼，而且对我们重新认识设计的原点，端正设计思想，如何设计创造有中国特色和地域风格以及深受消费者欢迎的产品，如何创造"人、物、自然、社会"的和谐系统，具有重要的现实意义和学术价值。但是，早在中国开始逐步认识到这些传统古旧家具的文化价值之前，西方发达国家就已经一批又一批地把中国传统家具运往国外进行收藏、陈列和研究。因此，加快对中国传统家具的收集、整理、保护和研究，已是摆在我们面前的一件迫在眉睫的任务。

本书的写作计划源于日本，成在祖国。1981年，我肩负着祖国人民的重托，到日本千叶大学工业意匠学科做访问学者，研修工业设计及其设计基础，期间日本著名学者小原二郎先生的室内、家具的人间工学研究和宫崎清教授的传统工艺产业的设计振兴给我留下了终生难忘的印象。1983年回国后，我将传统工艺的设计振兴和传统家具的科学与文化研究作为一项长期研究的课题，30年来，收集了数以万计的中国传统家具资料，指导了一些研究生研究、设计传统家具，取得了可喜的成果。设计的多种产品已经投产，撰写的国家重点图书《中国民俗家具》获得了2006年首届中华优秀出版物提名奖，得到了国内外专家的好评。

随着国家越来越重视传统文化产业，随着对传统家具研究的不断深入和资料的进一步丰富，2009年我们团队决定在《中国民俗家具》的基础上，编纂一部以代表性地区和少数民族传统家具为主的《中华民族传统家具大典》，以填补国内外的这一空白。虽然这是一项"劳民伤财"的事情，但是这一计划得到了南京林业大学张齐生院士和东北林业大学李坚院士的推荐；得到了吴智慧、胡景初、许美琪、林作新、王逢瑚、和品正等家具设计界著名学者和学科带头人，李伟、周橙旻、张小开、张欣宏、赵俊学、张宗登、傅小芳、陈立未、王黎、和玉媛、黄河等中青年学术骨干，以及在传统家具创新设计开发方面成果突出的台湾台南·家具产业博物馆馆长江文义、东莞市弘开实业有限公司总裁戴爱国、深圳祥利工艺家俬有限公司（友联为家）总经理王温漫等企业家的热烈反响和支持，大家怀着拯救中华民族传统文化的强烈的责任感与使命感共同努力完成了书稿。从立项以来，老一辈的专家们不但积极撰写了研究论文，还为本书的特色、内容结构等提出了宝贵的建议；长期生活工作在少数民族地区的李伟教授将自己多年研究、收集、积累的成果整理成书稿；年轻的学者们将自己的博士、硕士学位论文以及工作以后的研究成果整理成文；身为纳西族的和品正、和玉媛父女，朝鲜族的赵俊学副教授和满族的蒋兰老师，为了撰写本民族的传统家具，一次又一次深入民族地区、民居和博物馆收集第一手资料；傅小芳副教授利用长期收集的河南各地的家具资料撰写了河南传统家具，填补了河南家具的空白；桂元龙教授为本书收集传统家具资料做了大量工作；周林校友在百忙中专门协助我们请广西玉林收藏家协会提供传统家具资料……在各位作者、家具界和设计院校的朋友们的支持下，本书收集的传统家具资料在地域上，涉及23个省（直辖市、自治区），包括京作家具、苏作家具、广作家具、宁作家具、晋作家具、海派家具、福建客家家具、皖南家具、河南家具、巴蜀家具、台湾传统家具等；在民族上，涉及蒙古族、藏族、维吾尔族、苗族、彝族、满族、朝鲜族、傣族、纳西族等十几个民族；在传统家具应用上，涉及宫廷王府、宅邸、衙署、宗教庙宇、园林、名人故居、普通民居等；在传统家具类型上，涉及床榻类、椅凳墩类、桌案几类、框架类、箱柜橱类、屏风类、门窗格子类、综合类等，所有这些奠定了本书的基础。

在这里要特别指出的是，为了填补台湾传统家具的空白，台湾工艺研究发展中心、台湾台南·家具产业博物馆和"中国家具博物馆"的台湾朋友为我们提供了无私帮助，不但提供了丰富的资料，江文义先生还在百忙之中对"台湾传统家具"部分进行了认真仔细的修改和补充，令人感动。

《中华民族传统家具大典》一书出版的目的，既不是为了满足人们的怀旧情结，也不是要作为收藏指南，更不是为了抄袭复制，而是在于"温故而知新"，学习前人坚持以人为本、天人合一、因地制宜、珍惜资源、保护环境的创造理念，学习前人继承与创新的方法，从中得到启迪、找到规律，提取中国的地域特色元素，在国际化、个性化时代，古为今用、与时俱进，少一点崇洋媚外和盲目模仿外国的思想，多一点民族自信，创造更多深受广大消费者欢迎又具有鲜明时代特征和地域文化特色的科学合理的新的中国传统家具。

本书的出版虽然填补了国内外的空白，作者们在编著过程中的每个环节也都尽心尽力、精益求精，但是，中国传统家具源远流长、博大精深，几千年来各族人民世代传承和创新了无数家具，这一世界文化宝库的整理和研究绝不是我们这代人花十年八年时间就可以得到一个完美结果的。书中所涉及的家具种类和数量只能算是沧海一粟，再加上我们水平有限，经验不足，研究条件有限，在传统家具的发掘、传承与创新发展，在传统家具的科学与文化艺术的深层次研究等方面还有待专家们进一步探讨，我们期待本书的出版能起到抛砖引玉的作用。

杨叔子院士说过："一个国家没有高科技一打就垮，没有传统文化不打自垮。"希望本书的出版能引起社会各界关注，进一步加强对传统家具的深入研究，涌现更多传统家具研究的新成果，弘扬民族传统文化，振奋民族精神，为中国家具产业屹立于世界民族之林，再创辉煌作出新贡献。

参加本卷图书编写工作的有：张福昌，张小开，傅小芳，桂元龙，黄河。在编写过程中，作者们学习和参考了家具界老一辈专家的研究成果，参考了国内已出版的各种古典家具图书及其相关资料，因此，在某种意义上来讲，本书是中国家具界传统家具研究成果的一次汇总，是全国各地传统家具的老中青研究队伍的一次集体创作。在此谨向所有关心、支持和帮助本书出版的单位和专家、朋友们表示最衷心的感谢！

最后，要感谢南京林业大学的周橙旻副教授，是她一次又一次不辞艰辛、不遗余力地承担了一般人难以接受的书稿的修改工作；特别要感谢清华大学出版社的吴培华总编辑和理工分社的张秋玲社长，在我们迷茫的时候，是他们高瞻远瞩、独具慧眼，不断给予我们鼓励、鞭策、支持和帮助，使我们满怀信心坚持到今天，使这本中国家具历史上第一本传统家具大典能够和读者见面。

"滴水之恩，当涌泉相报"，我们谨以本书：

献给我们深爱的祖国！

献给养育我们的人民！

献给世世代代传统家具的创造者！

献给传统家具制作和研究的前辈！

2014 年 4 月 26 日

目　录

1　宫廷王府家具场景 ···001

1.1　北京故宫家具场景 ···002

1.2　辽宁沈阳故宫家具场景 ···023

1.3　吉林伪满皇宫家具场景 ···034

1.4　苏州忠王府家具场景 ···051

1.5　天津庄王府家具场景 ···058

2　宅邸家具场景 ···063

2.1　安徽宏村家具场景 ···064

2.2　天津石家大院家具场景 ···071

2.3　山西乔家大院家具场景 ···075

2.4　天津静园家具场景 ···090

2.5　青海马步芳公馆家具场景 ·······································094

2.6　湖南张家界老院子家具场景 ·····································105

2.7　天津徐家大院家具场景 ···108

3　衙署家具场景 ···113

3.1　河南南阳府衙家具场景 ···114

3.2　河南内乡县衙家具场景 ···125

3.3　江苏淮安府衙家具场景 ···129

3.4　河北河间府衙家具场景 ···137

3.5　保定直隶总督署家具场景 ·······································141

4 宗教庙宇家具场景 ……………………………………… 149

    4.1   山东曲阜孔庙家具场景 …………………………… 150

    4.2   山东曲阜孔府家具场景 …………………………… 154

    4.3   浙江杭州灵隐寺家具场景 ………………………… 168

    4.4   河南洛阳白马寺家具场景 ………………………… 176

5 园林家具场景 ……………………………………………… 179

    5.1   苏州拙政园家具场景 ……………………………… 180

    5.2   乌镇园林家具场景 ………………………………… 182

    5.3   扬州何园家具场景 ………………………………… 187

    5.4   扬州个园家具场景 ………………………………… 198

    5.5   南京瞻园家具场景 ………………………………… 205

    5.6   无锡梅园家具场景 ………………………………… 208

    5.7   无锡寄畅园家具场景 ……………………………… 213

    5.8   宜兴东坡书院家具场景 …………………………… 220

    5.9   东莞可园家具场景 ………………………………… 222

    5.10 河南康百万庄园家具场景 ………………………… 228

    5.11 河南安阳市马家大院家具场景 …………………… 255

    5.12 陕西米脂姜氏庄园家具场景 ……………………… 258

    5.13 成都大邑刘氏庄园家具场景 ……………………… 261

    5.14 广州陈氏书院家具场景 …………………………… 268

    5.15 苏州启园家具场景 ………………………………… 276

    5.16 扬州瘦西湖家具场景 ……………………………… 280

6 名人故居家具场景 ………………………………………… 285

    6.1   扬州八怪纪念馆家具场景 ………………………… 286

    6.2   南京甘熙故居家具场景 …………………………… 292

    6.3   严凤英旧居家具场景 ……………………………… 298

    6.4   无锡薛福成故居家具场景 ………………………… 302

    6.5   合肥李鸿章故居家具场景 ………………………… 304

    6.6   黄山赛金花故居家具场景 ………………………… 308

    6.7   绍兴鲁迅故居家具场景 …………………………… 310

    6.8   杭州胡雪岩故居家具场景 ………………………… 312

    6.9   上海黄炎培故居家具场景 ………………………… 315

    6.10 中山孙中山故居家具场景 ………………………… 319

    6.11 江门梁启超故居家具场景 ………………………… 324

    6.12 天津梁启超故居家具场景 ………………………… 327

6.13 娄底曾国藩故居家具场景 ⋯⋯⋯⋯⋯⋯⋯⋯⋯⋯ 334
6.14 凤凰古城沈从文故居家具场景 ⋯⋯⋯⋯⋯⋯⋯⋯ 336
6.15 北京齐白石故居家具场景 ⋯⋯⋯⋯⋯⋯⋯⋯⋯⋯ 338
6.16 西安华清池蒋介石行辕家具场景 ⋯⋯⋯⋯⋯⋯⋯ 341
6.17 江西蒋介石"美庐"家具场景 ⋯⋯⋯⋯⋯⋯⋯⋯⋯ 343
6.18 黑龙江萧红故居家具场景 ⋯⋯⋯⋯⋯⋯⋯⋯⋯⋯ 346
6.19 浙江丰子恺故居家具场景 ⋯⋯⋯⋯⋯⋯⋯⋯⋯⋯ 349
6.20 无锡顾毓琇故居家具场景 ⋯⋯⋯⋯⋯⋯⋯⋯⋯⋯ 353
6.21 无锡祝大椿故居家具场景 ⋯⋯⋯⋯⋯⋯⋯⋯⋯⋯ 354
6.22 无锡钱钟书故居家具场景 ⋯⋯⋯⋯⋯⋯⋯⋯⋯⋯ 356
6.23 湖北张居正故居家具场景 ⋯⋯⋯⋯⋯⋯⋯⋯⋯⋯ 358
6.24 其他故居家具场景 ⋯⋯⋯⋯⋯⋯⋯⋯⋯⋯⋯⋯⋯ 360

7 部分地域民居家具场景 ⋯⋯⋯⋯⋯⋯⋯⋯⋯⋯⋯⋯⋯ 367
7.1 山东胶州民居家具场景 ⋯⋯⋯⋯⋯⋯⋯⋯⋯⋯⋯ 368
7.2 浙江西溪农村农家家具场景 ⋯⋯⋯⋯⋯⋯⋯⋯⋯ 372
7.3 福建土楼家具场景 ⋯⋯⋯⋯⋯⋯⋯⋯⋯⋯⋯⋯⋯ 375
7.4 闽西客家培田村家具场景 ⋯⋯⋯⋯⋯⋯⋯⋯⋯⋯ 381
7.5 珠海民居家具场景 ⋯⋯⋯⋯⋯⋯⋯⋯⋯⋯⋯⋯⋯ 384
7.6 江西婺源民居家具场景 ⋯⋯⋯⋯⋯⋯⋯⋯⋯⋯⋯ 386
7.7 江西安义古村落家具场景 ⋯⋯⋯⋯⋯⋯⋯⋯⋯⋯ 389
7.8 北京民居家具场景 ⋯⋯⋯⋯⋯⋯⋯⋯⋯⋯⋯⋯⋯ 392
7.9 重庆湖广会馆家具场景 ⋯⋯⋯⋯⋯⋯⋯⋯⋯⋯⋯ 398
7.10 东北民居家具场景 ⋯⋯⋯⋯⋯⋯⋯⋯⋯⋯⋯⋯⋯ 400
7.11 河南民居家具场景 ⋯⋯⋯⋯⋯⋯⋯⋯⋯⋯⋯⋯⋯ 405
7.12 广西民居家具场景 ⋯⋯⋯⋯⋯⋯⋯⋯⋯⋯⋯⋯⋯ 407
7.13 海南民居家具场景 ⋯⋯⋯⋯⋯⋯⋯⋯⋯⋯⋯⋯⋯ 409
7.14 天津民居家具场景 ⋯⋯⋯⋯⋯⋯⋯⋯⋯⋯⋯⋯⋯ 411
7.15 河北民居家具场景 ⋯⋯⋯⋯⋯⋯⋯⋯⋯⋯⋯⋯⋯ 417
7.16 甘肃地区家具场景 ⋯⋯⋯⋯⋯⋯⋯⋯⋯⋯⋯⋯⋯ 419
7.17 湖南高椅村家具场景 ⋯⋯⋯⋯⋯⋯⋯⋯⋯⋯⋯⋯ 423
7.18 徽州民居家具场景 ⋯⋯⋯⋯⋯⋯⋯⋯⋯⋯⋯⋯⋯ 425
7.19 山西祁县乔家大院家具场景 ⋯⋯⋯⋯⋯⋯⋯⋯⋯ 429
7.20 江苏民居家具场景 ⋯⋯⋯⋯⋯⋯⋯⋯⋯⋯⋯⋯⋯ 432
7.21 四川民居家具场景 ⋯⋯⋯⋯⋯⋯⋯⋯⋯⋯⋯⋯⋯ 435

图索引 ⋯⋯⋯⋯⋯⋯⋯⋯⋯⋯⋯⋯⋯⋯⋯⋯⋯⋯⋯⋯⋯ 441
后记 ⋯⋯⋯⋯⋯⋯⋯⋯⋯⋯⋯⋯⋯⋯⋯⋯⋯⋯⋯⋯⋯⋯ 446

1

宫廷王府家具场景

家具在室内空间的布局是家具场景中重点展示的方面,建筑规格本身对家具场景的布局及设置有重要的影响。在中国所有的建筑中皇家建筑是规格最高、规模最大的建筑类型,因此,本章的核心内容是展现在宫廷王府建筑内的家具陈设布局与设计,这也是中国传统最高等级的家具布置场景,代表了传统家具布局的精髓,也是最具官方代表的家具布局。王府家具场景同宫廷家具场景一脉相传,因此也一并列举出来。

1.1 北京故宫家具场景

故宫位于北京市东城区长安街上，是北京市的中心。

故宫是明代永乐十八年（1420年）建成的建筑群，是明永乐十八年到清朝（公元1420—1912年）的皇宫，是无与伦比的古代建筑杰作，是世界现存最大、最完整的木质结构的古建筑群（图1.1.1）。传说，玉皇大帝有10000个宫殿，而皇帝为了不超越神，所以故宫修建了9999间半宫殿，据实际统计，共8704间。

故宫又名紫禁城。依照中国古代星象学说，紫是紫微垣，位于天的中央最高处，共有15颗恒星，被认为是"运乎中央，临制四方"的宫殿，乃天帝所居，天人对应，故名之。故宫占地72万m²，建筑面积约15万m²，都是砖木结构、黄琉璃瓦顶、青白石底座饰以金碧辉煌的彩绘。

故宫四面环有高10m的城墙，南北长960m，东西宽753m，面积达72万m²，为世界之最。故宫的整个建筑被两道坚固的防线围在中间，外围被一条宽52m、深6m、长3800m的护城河（筒子河）环绕；护城河内侧是周长3km的城墙，墙高近10m，底宽8.62m。城墙上开有4门，南有午门、北有神武门、东有东华门、西有西华门，城墙四角还耸立着4座角楼，角楼有3层屋檐、72个屋脊，玲珑剔透，造型别致，为中国古建筑中的杰作。

故宫的建筑依据其布局与功用分为"外朝"与"内廷"两大部分，以乾清门为界，乾清门以南为外朝，以北为内廷。故宫外朝、内廷的建筑气氛迥然不同。外朝以太和殿、中和殿、保和殿三大殿为中心，位于整座皇宫的中轴线，是皇帝举行朝会的地方，也称为"前朝"，是封建皇帝行使权力、举行盛典的地方。此外，两翼东有文华殿、文渊阁、上驷院、南三所；西有武英殿、内务府等建筑。

内廷以乾清宫、交泰殿、坤宁宫后三宫为中心，两翼为养心殿、东六宫、西六宫、斋宫、毓庆宫，后有御花园，是封建帝王与后妃居住、游玩之所。内廷东部的宁寿宫是当年乾隆皇帝退位后为养老而修建的；内廷西部有慈宁宫、寿安宫等；此外还有重华宫、北五所等建筑。

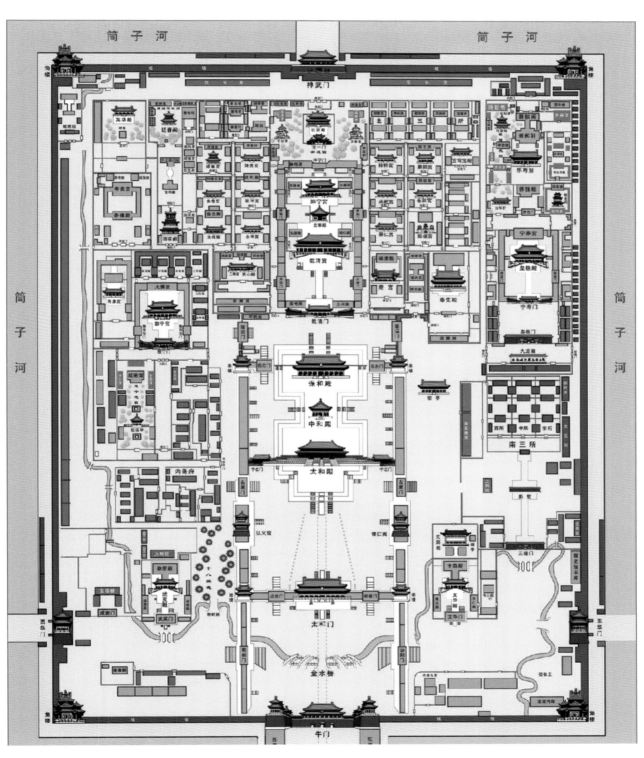

■ 图 1.1.1　故宫平面图（http://bj.bendibao.com/z/bjgugong/）

1.1.1 太和殿家具场景

太和殿（Hall of Supreme Harmony）俗称"金銮殿"，位于紫禁城南北主轴线的显要位置，明永乐十八年（1420年）建成，称奉天殿。嘉靖四十一年（1562年）改称皇极殿。清顺治二年（1645年）改今名。太和殿自建成后屡遭焚毁，又多次重建，今天所见为清代康熙三十四年（1695年）重建后的形制，是整个宫城的建筑主体和核心空间，上承重檐庑殿顶，下坐3层汉白玉台阶，采用金龙和玺彩画，屋顶仙人走兽多达11件，开间11间，均采用最高形制，为中国现存最大木构架建筑之一。殿前设有广场，可容纳上万人朝拜庆贺。整个宫殿气势恢宏，不愧为整个宫城的主体建筑和核心空间。太和殿匾额"建极绥猷"匾，为乾隆皇帝的御笔。现存的牌匾为复制品，原件在袁世凯称帝时被换下，已佚。

从图1.1.2和图1.1.3就能看出太和殿的奢华。

■ 图 1.1.2　太和殿内景
（http://www.nipic.com/show/1/45/c31ee7c1a7b7e36e.html）

■ 图 1.1.3　太和殿内的龙椅
（http://www.earsgo.com:81/main/spotview.jsp?id=763）

1.1.2 中和殿家具场景

中和殿是北京故宫外朝三大殿之一，位于太和殿、保和殿之间，是皇帝举行大典之前休息的地方。"中和"二字取自《礼记·中庸》："中也者，天下之本也；和也者，天下之道也。"中和殿正中设有宝座（图1.1.4），两旁陈列着两个肩舆。肩舆是皇帝乘坐的轿子中的一种，主要供皇帝在紫禁城内活动使用。

■ 图 1.1.4 中和殿内景
（http://blog.sina.com.cn/s/blog_4eff333f0100vxcm.html）

1.1.3 保和殿家具场景

保和殿（图1.1.5）是北京故宫外朝三大殿之一，位于中和殿后，建成于明永乐十八年（1420年）。初名谨身殿，嘉靖时遭火灾，重修后改称建极殿。清顺治二年改为保和殿，其意为"志不外驰恬神守志"。

■ 图1.1.5　保和殿内景
（http://blog.sina.com.cn/s/blog_4eff333f0100vxcm.html）

1.1.4　养心殿家具场景①

养心殿（图1.1.6）为工字形殿，前殿面阔7间，通面阔36m，进深3间，通进深12m。黄琉璃瓦歇山式顶，明间、西次间接卷棚抱厦。前檐檐柱位，每间各加方柱两根，外观似9间。

养心殿的名字出自孟子的"养心莫善于寡欲"，意思就是"修养心性的最好办法是减少欲望"。为了改善采光，养心殿成为紫禁城中第一个装上玻璃的宫殿。皇帝的宝座设在明间正中，上悬雍正御笔"中正仁和"匾（图1.1.7）。明间东侧的东暖阁（图1.1.8）内设宝座，向西，这里曾经是慈禧、慈安两太后垂帘听政处。明间西侧的西暖阁（图1.1.9）则分隔为数室，有皇帝看阅奏折、与大臣密谈的小室，曰"勤政亲贤"；也有乾隆皇帝的读书处三希堂；还有小佛堂、梅坞，是专为皇帝供佛、休息的地方。

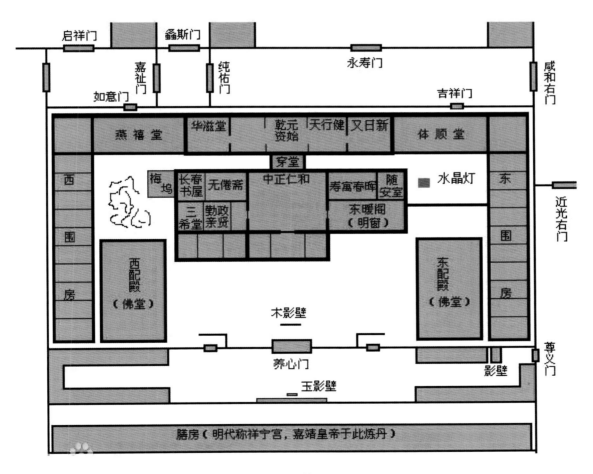

■ 图1.1.6　养心殿平面图

---

① 本节由张小开根据有关图书和网络资料整理而成。

正面

东侧

西侧

■ 图 1.1.7　养心殿中正仁和厅

正面

从外面看

西部

中部

东部

后间（寿寓春晖）

■ 图 1.1.8　养心殿东暖阁

中室（勤政亲贤）

三希堂

"又日新"牌匾   "天行健"牌匾

■ 图 1.1.9 养心殿西暖阁

图 1.1.10～图 1.1.16 展示了养心殿中部分场景。

■ 图 1.1.10　养心殿后皇帝寝宫

南炕（华滋堂）

北墙

■ 图 1.1.11　养心殿西次间

明间

东梢间

东次间

西梢间

■ 图 1.1.12 养心殿体顺堂

■ 图 1.1.13 养心殿旁边厢房

■ 图 1.1.14 养心殿穿堂

A套——北 A套——中

B套——北 B套——中

■ 图 1.1.15 养心殿东围房

■ 图 1.1.16 养心殿随安室

1.1.5　长春宫家具场景^①

长春宫（图 1.1.17），内廷西六宫之一，明永乐十八年（1420 年）建成，初名长春宫，嘉靖十四年（1535 年）改称永宁宫，万历四十三年（1615 年）复称长春宫。清康熙二十二年（1683 年）重修，后又多次修整。咸丰九年（1859 年）拆除其宫门长春门，并将太极殿后殿改为穿堂殿，咸丰帝题额曰"体元殿"，长春宫、启祥宫两宫院由此连通。

明间

东次间

东梢间

■ 图 1.1.17　长春宫

① 本节由张小开根据有关图书和网络资料整理而成。

西次间

西梢间（太姒诲子图）

西梢间

■ 图 1.1.17（续）

1.1.6 太极殿家具场景[1]

太极殿（图 1.1.18～图 1.1.21）是内廷西六宫之一，前殿悬挂有乾隆皇帝御笔匾。建于明永乐十八年（1420 年），初曰未央宫。明嘉靖十四年（1535年）因世宗之父兴献王朱祐杬生于此宫，更名为启祥宫。清初沿明旧，于康熙二十二年（1683 年）、咸丰九年（1859 年）、光绪十六年（1890 年）重修或大修。清晚期改曰太极殿。太极殿原为两进院，咸丰九年（1859 年）改后殿为穿堂，遂与长春宫连

为四进院落。正殿面阔 5 间，黄琉璃瓦歇山式顶，前后出廊，明间开门，扇风门，万字锦地团寿字群板，次间、梢间均为槛墙、步步锦支窗。室内间以花罩、扇相隔。殿前方有高大的琉璃影壁，为咸丰九年大修长春宫时添建。东西有配殿各 3 间，原檐里装修，北次间开门，咸丰九年时改为前出廊，明间开门。后殿现曰体元殿，亦有东配殿怡性轩，西配殿乐道堂。东西各有耳房 3 间，其中一间辟为通道连通后院。

正面

地屏宝座

■ 图 1.1.18　太极殿明间

---

① 本节由张小开根据有关图书和网络资料整理而成。

■ 图 1.1.19　太极殿东梢间

■ 图 1.1.20　太极殿西梢间

南面

北面

■ 图 1.1.21　太极殿西次间

1.1.7　坤宁宫家具场景[①]

坤宁宫（图 1.1.22）坐北面南，面阔连廊 9 间，进深 3 间，黄琉璃瓦重檐庑殿顶。明代是皇后的寝宫。清顺治十二年改建后，为萨满教祭神的主要场所。坤宁宫仿盛京清宁宫，改原明间开门为东次间开门，原槅扇门改为双扇板门，其余各间的槅花槅扇窗均改为直棂吊搭式窗。室内东侧两间隔出为暖阁，作为居住的寝室，门的西侧四间设南、北、西三面炕，作为祭神的场所。与门相对后檐设锅灶，作杀牲煮肉之用。由于是皇家所用，灶间设槅花扇门，浑金毗卢罩，装饰考究华丽。坤宁宫改建后，即成为清宫萨满祭祀的主要场所。

坤宁宫的东端两间是皇帝大婚时的洞房。房内墙壁饰以红漆，顶棚高悬双喜宫灯。洞房有东西二门，西门里和东门外的木影壁内外，都饰以金漆双喜大字，有出门见喜之意。洞房西北角设龙凤喜床，床铺前挂的帐子和床铺上放的被子，都是江南精工织绣，上面各绣神态各异的 100 个顽童，称作"百子帐"和"百子被"，五彩缤纷，鲜艳夺目。

婚房

婚房近景

婚房侧看

■　图 1.1.22　坤宁宫

---

① 本节内容来自百度图片 http://image.baidu.com/，由张小开整理而成。

中华民族传统家具大典·场景卷

018

西门影壁 东暖阁南炕

祭桌 灶台东墙 灶台

内室一角

■ 图 1.1.22（续）

1.1.8 其他宫殿家具场景^①

除了前面介绍的，故宫中还有很多宫殿，　如图 1.1.23～图 1.1.33 所示。

正面

暖阁门

图 1.1.23　乾清宫

东间（次间、梢间）

西次间

丽景轩

东梢间

图 1.1.24　储秀宫

① 本节内容来自百度图片 http://image.baidu.com/，由张小开整理而成。

■ 图 1.1.25 宁寿宫畅音阁大戏楼内景

■ 图 1.1.26 翊坤宫明间

■ 图 1.1.27 体和殿东次间

■ 图 1.1.28 体和殿东梢间

■ 图 1.1.29 交泰殿

■ 图 1.1.30 咸福宫

■ 图 1.1.31 养性殿宝座间

■ 图 1.1.32 书房斋后殿

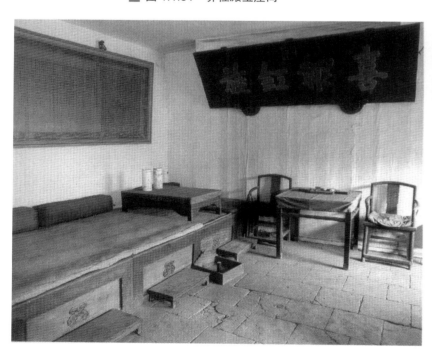

■ 图 1.1.33 军机处

1.2　辽宁沈阳故宫家具场景

沈阳故宫位于沈阳市沈河区明清旧城中心，是后金入关前的沈阳（盛京）皇宫和清朝迁都北京后的盛京行宫（或称奉天行宫），始建于1625年，初成于1636年，乾隆时期又有较大规模的改建与增修，占地约6万 m^2。1926年以后，其建筑群陆续辟作博物馆（现称沈阳故宫博物院）。1961年被中华人民共和国国务院确定为首批全国重点文物保护单位，2004年7月列入《世界遗产名录》"北京及沈阳的明清皇家宫殿"项目。

沈阳故宫按照建筑布局和建造先后，可以分为3个部分（图1.2.1）：东路为努尔哈赤时期建造的大政殿与十王亭；中路为皇太极时期续建的大中阙，包括大清门、崇政殿、凤凰楼以及清宁宫、关雎宫、衍庆宫、永福宫等；西路则是乾隆时期增建的文溯阁等。整座皇宫楼阁林立，殿宇巍峨，雕梁画栋，富丽堂皇。

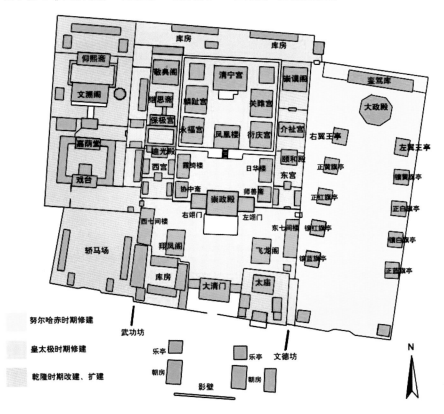

■ 图1.2.1　沈阳故宫平面图
（http://blog.sina.com.cn/s/blog_62111a9e0100l4me.html）

注：本节未注图片均由张小开拍摄。

与北京故宫相比，沈阳故宫建筑风格具有独特的满、蒙、藏特色。东路大政殿、十王亭建筑群布局仿照八旗行军帐殿（大幄次）的布局。中路的特点则是"宫高殿低"，居住部分位于高台之上，俯瞰理政的正殿区域，这是来源于满族人喜居于台岗之上的生活习惯。西路以及中路的东西二宫则是完全的汉式建筑。

1.2.1 大政殿家具场景

大政殿俗称八角殿，始建于 1625 年，是清太祖努尔哈赤营建的重要宫殿，是盛京皇宫内最庄严最神圣的地方。初称大衙门，1636 年定名笃恭殿，后改大政殿。

大政殿采用八角重檐攒尖式风格（图 1.2.2），八面出廊，均为"斧头眼"式槅扇门。下面是一个高约 1.5m 的须弥座台基，绕以雕刻细致的荷花净瓶石栏杆。殿顶满铺黄琉璃瓦，镶绿剪边，正中相轮火焰珠顶，宝顶周围有 8 条铁链各与力士造型相连。殿前的两根大柱上雕刻着两条蟠龙，殿内有精致的梵文天花和降龙藻井，气势雄伟。

大政殿内设有宝座、屏风及熏炉、香亭、鹤式烛台等（图 1.2.3）。此殿为清太宗皇太极举行重大典礼及重要政治活动的场所。1644 年（顺治元年）清世祖福临在此登基继位。

■ 图 1.2.2 大政殿（http://image.baidu.com）

■ 图 1.2.3 大政殿内景

大政殿前，东西八字形排列着 10 座方亭，俗称"十王亭"（图 1.2.4、图 1.2.5），是左右翼王和八旗大臣办事的地方。自北而南，东部依次为：左翼王亭、镶黄旗亭、正白旗亭、镶白旗亭、正蓝旗亭；西部依次为：右翼王亭、正黄旗亭、正红旗亭、镶红旗亭、镶蓝旗亭。

■ 图 1.2.4　大政殿前的十王亭（http://image.baidu.com）

■ 图 1.2.5　十王亭左翼王亭内室

1.2.2　崇政殿家具场景

　　崇政殿（图1.2.6）位于大清门之内，又称"金銮殿"，通称"正殿"，是皇太极处理政务、接见使臣的场所，清代历朝皇帝东巡祭祖时也在此听朝理政。崇政殿面阔五间，绿剪边黄琉璃瓦，单檐硬山顶，前后有出廊，围以石护栏。殿内为彻上明造，和玺彩绘，宝座后有贴金龙扇屏风，旁为贴金蟠龙柱。崇政殿东为左翊门，殿西为右翊门，均面阔三间，中一间辟门道，左右两间为火炕。崇政殿南为丹陛，上陈日晷、嘉量。殿北为庭院，院东为飞龙阁和东七间楼，院西为翔凤阁和西七间楼。

外景

内景（http://image.baidu.com）

内景（侧看）（http://www.yaoyouke.com/scene/
120628/4843/photos2141979.html）

■ 图 1.2.6　崇政殿

凤凰楼（图 1.2.7）位于崇政殿之北，原名"翔凤楼"，为清宁宫内院的门楼。高三层，歇山顶，面阔、进深各为三间。曾是皇帝计划军政要事和举行宴会之地，清朝入关后改为存放历代实录、玉牒、"御影"以及玉玺的场所。楼南东侧为三开间的日华楼和五开间的师善斋，西侧为霞绮楼和协中斋。

■ 图 1.2.7　凤凰楼

1.2.3　清宁宫家具场景

清宁宫（图 1.2.8）位于凤凰楼之北，原称"正宫"，是皇太极和孝端文皇后博尔济吉特氏哲哲的居所。天命十年（1625 年）前后修建，原为皇太极登基之前的王府所在地，坐落于高 3.8m 的高台之上，前有凤凰楼，四周为高墙和巡逻更道，构成独立的城堡式建筑群。清宁宫为硬山式建筑，绿剪边黄琉璃瓦，坐北朝南。面阔五间，东边一间为帝后寝宫，正门辟在东二间，入内为大灶。西边三间为神堂，是萨满教祭祀之所，南、西、北三面沿墙设有"万字炕"。清宁宫前有索伦杆，内放碎米、碎肉，供奉满族神鸟乌鸦。清宁宫之东为东配宫，西为西配宫，均为面阔三间的硬山顶建筑。清宁宫之南、凤凰楼之北原先还建有两开间的北辰殿，康熙年间倒塌拆除。

外景

内景（满族传统住宅的典范）
（http://www.yaoyouke.com/scene/120628
/4843/photos74353.html）

内景

■ 图 1.2.8　清宁宫

1.2.4　关雎宫家具场景

关雎宫（图 1.2.9、图 1.2.10）是沈阳故宫中"崇德五宫"之一，也称为东宫。清太宗皇太极在位时，由于十分宠爱他的一个叫海兰珠的妃子，于是就册封她为宸妃，住在沈阳故宫内宫廷区的东宫之中，位份仅次于中宫。取《诗经》典故，赐名关雎宫，以此表达对宸妃的浓浓爱意。

■ 图 1.2.9　关雎宫内景

婴儿摇篮

宫内一角

仆人房间

床铺等

■ 图 1.2.10　关雎宫内陈设

1.2.5　永福宫家具场景

永福宫（图1.2.11、图1.2.12）坐落在沈阳故宫凤凰楼高台之上，以清宁宫居中。它位于西庑之末，序列次西宫，是历史上著名的孝庄文皇后——庄妃居住、辅政和养育皇子福临的地方。

■ 图1.2.11　永福宫内景

床铺

婴儿吊床

宫内一角

■ 图1.2.12　永福宫内陈设

1.2.6 麟趾宫家具场景

麟趾宫（图1.2.13）位于沈阳故宫清宁宫西侧，亦称西宫，建于清太宗天聪年间（1627—1635年），崇德元年（1636年）定名麟趾，是清太宗皇太极贵妃娜木钟的寝宫。麟趾宫里间为起居、梳妆和日常休息之所，外间为飨客、用膳和礼佛的场所。

■ 图1.2.13 麟趾宫内场景

1.2.7 迪光殿家具场景

崇政殿西侧有一座五进院落,为清代皇帝东巡时皇帝、后妃的驻跸处所,这里便是沈阳故宫的"西所"。"西所"二进院落内的正面建筑,就是著名的"迪光殿"。迪光殿是一座三间歇山前后廊式建筑,建于乾隆十一年至十三年(1746—1748 年),为清帝东巡期间驻跸时处理国家军政要务之所。迪光殿之名为乾隆皇帝钦定。迪,语出《尚书·太上》,有"启迪"之意;光,语自《易经·坤卦》,"含弘光大,品物咸亨"。迪光,即"欲迪"、"祖宗谟烈"之光。

迪光殿(图 1.2.14)又称"别殿"、"便殿"。殿内地坪正中陈设着红雕漆屏风、宝座、香炉等。屏风因其"立必端直,处必廉方",在一定时期内成为王权尊贵的标志和象征。迪光殿屏风上刻嘉庆皇帝"御制瑞树歌",共 269 字,用以警示皇帝本人时刻不忘祖宗创业的艰辛。屏风前的宝座雕漆精妙,开光处刻画着"太平有象"、"万方来朝",用以显示八方归顺,天下一统。

正面(http://www.image.baidu.com)

侧看

座椅近景

■ 图 1.2.14 迪光殿内景

1.2.8 文溯阁家具场景

文溯阁（图 1.2.15、图 1.2.16）建于乾隆四十六年（1781 年），面阔六间，硬山顶，绿剪边黑琉璃瓦，外观为两层，内部为三层，用于存放文溯阁版《四库全书》。阁后有仰熙斋，为五开间硬山卷棚顶建筑，是皇帝书房。文溯阁东南为乾隆御制碑亭，正面为《文溯阁记》，背面为《宋孝宗论》。

■ 图 1.2.15　文溯阁外景（http://image.baidu.com）

正面

侧看

桌椅

■ 图 1.2.16　文溯阁内景（http://image.baidu.com）

1.3 吉林伪满皇宫家具场景

伪满皇宫旧址位于长春市宽城区光复北路 5 号，是清朝末代皇帝爱新觉罗·溥仪充当伪满洲国傀儡皇帝时的宫廷遗址，占地面积 13.7 万 m²，是国内现存比较完整的宫廷遗址之一，也是日本武力侵占中国东北、推行法西斯殖民统治的最典型的历史见证。伪满皇宫遗址核心保护区现存文物建筑多处，以中和门为界分为内廷和外廷。内廷主要有缉熙楼、

东御花园、西御花园、同德殿、书画楼等，是溥仪及其眷属的生活区；外廷主要有勤民楼、怀远楼、嘉乐殿、宫内府等，是溥仪的政务活动区。此外，还有建国神庙、植秀轩、畅春轩、中和门、洋膳房、中膳房、御用汽车库（卤簿车库）、马厩、跑马场、花窖、禁卫军营房、近卫军营房等附属设施，如图 1.3.1 所示。

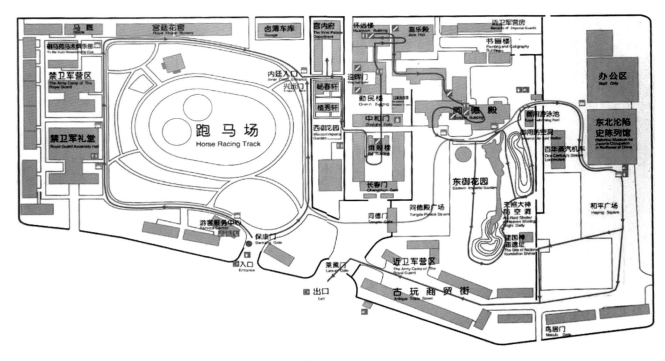

■ 图 1.3.1 伪满皇宫遗址平面图（张小开扫描绘制）

注：本节未注图片均由张小开拍摄。

1.3.1 宫内府家具场景

宫内府（图1.3.2）建于20世纪初，原为吉黑榷运局局长魏宗莲的公馆。1932年3月溥仪就任伪满洲国元首"执政"后，改作执政府办公处。1934年3月溥仪称"帝"，改执政府为宫内府。作为溥仪直属主要的辅弼机构之一，其大臣、次长及所辖部分机构处即在此办公。

宫内府直辖于伪满洲国皇帝，负责掌管宫内事务。宫内府大臣相对于皇帝有宫内事务的辅佐之责，设有次长1人，由日本人担任；设有7个处：总务处、内务处、近侍处、皇宫近卫处、侍卫处、侍从武官处、掌礼处；另设会计审查局。宫内府虽然独立于国务院，但国政相关事务仍须经国务总理大臣上奏。

入口

■ 图1.3.2 伪满皇宫宫内府

会议室

大臣办公室

次长办公室

总务处处长办公室

内务处处长办公室

■ 图 1.3.2（续）

1.3.2 缉熙楼家具场景

缉熙楼（图 1.3.3）位于迎晖门内南侧，亦称寝宫，建于 20 世纪初，是伪满皇宫主体建筑之一。原为吉黑榷运局办公楼，1932 年溥仪就任伪满元首"执政"后，将这里改作寝宫。楼名取自《诗经·大雅·文王》"于缉熙敬止"之句，寓意要时刻不忘恢复大清祖业。伪满期间溥仪及其后妃婉容、谭玉龄均住于此。

缉熙楼为二层青砖楼房，中央一间为楼梯间，东半侧两层为皇后婉容居室。西侧一楼原为溥仪私人召见亲信臣僚的客厅，后成为谭玉龄住所。西侧二楼为溥仪寝宫，中央为过道，兼用作饭厅。过道南侧为溥仪寝室，寝室之西为书斋。书斋之北为走廊，左侧为理发间，对面为佛堂。过道北侧为浴室和卫生间。楼梯间通往三层的药库。缉熙楼周围为平房院落，北侧、南侧及东侧为溥仪随侍、乳母、御医的住所，西侧为中膳房和洋膳房。院落正北开中和门，为通往勤民楼和兴运门的通路；正南为长春门，封闭不开，门外为围墙。缉熙楼院落西侧为御花园（现已无存），有两座竹亭、一座土山，花园北面为平房植秀轩，西套间曾是溥仪二妹及妹夫郑广元住所，后改为宫廷学生读书处和乒乓球室。植秀轩之北为畅春轩，曾为溥仪四妹及五妹住所。西花园南墙有连排平房，东半部为浆洗房，西半部为书库，房前为网球场，后改为马场。

■ 图 1.3.3 缉熙楼外景

缉熙楼一楼是谭玉玲生活区，这里原来是溥仪的客厅。1937年谭玉玲入宫后便更改为她的生活区。

图 1.3.4 和图 1.3.5 所示分别为谭玉玲和婉容生活区场景；图 1.3.6 为溥仪寝宫场景。

卧室

书房

客厅

■ 图 1.3.4　谭玉玲生活区

客厅

卧室

吸烟室

■ 图 1.3.5　婉容生活区

卧室

卫生间

理发室

■ 图 1.3.6　溥仪寝宫

书斋

客厅

佛堂

中药库

■ 图 1.3.6（续）

1.3.3 勤民楼家具场景

勤民楼（图 1.3.7）位于伪满皇宫缉熙楼的北面，是一幢二层方形圈楼。中间有方形的天井，南北两门相通，南门为承光门。楼名取自清皇室《祖训》中"敬天法祖，勤政爱民"之意。承光门的东侧是日本人直接控制溥仪的"帝室御用挂"——吉岗安直办公室。二楼的东南为正殿，即勤民殿；西南为西偏殿；西为健行斋；北为祠堂。勤民殿是溥仪登基和接见外国宾客的场所。1932 年，溥仪在这里接见了国联李顿调查团。1933 年 9 月 15 日，溥仪在这里和日本人签订了出卖东北主权的《日满议定书》。1934 年 3 月 1 日，溥仪在这里登基，当上了伪满洲国的皇帝。早上，溥仪身穿"龙袍"，到长春市南郊的杏花村"天坛"祭天，然后回勤民楼换上大元帅服受众臣朝拜，举行"登基典礼"。西偏殿是溥仪休息和非正式接见伪满官吏和外国使节的地方。健行斋是溥仪召开"御前会议"的地方。祠堂则是溥仪供奉清朝列祖列宗之地。每逢过年过节和先帝的生卒日，溥仪就由宫廷学生陪同，到这里来焚香上供，进行祭奠活动。

■ 图 1.3.7　勤民楼外景

勤民楼一楼现有第一候见室、第二候见室、伪满宫廷服饰展室、侍卫官处和吉冈安直办公室；二楼有正殿（勤民殿）、东便殿（有日满协议书签字桌）、西便殿、赐宴殿和先祖祠堂（后改为佛堂）等，如图 1.3.8 所示。

正殿（勤民殿）

东便殿（有日满协议书签字桌）

西便殿

■ 图 1.3.8　勤民楼主要场景

赐宴殿

赐宴殿旁奏乐小屋

佛堂

第一候见室

吉冈安直办公室

侍卫官处

■ 图 1.3.8（续）

1.3.4 同德殿家具场景

同德殿（图 1.3.9）始建于 1937 年，1938 年末竣工，建筑面积 5758m²，是一座集政治活动、日常生活和娱乐为一体的二层宫殿式建筑。溥仪为了表示与日本侵略者同心协力，取"日满一德一心"之意命名为同德殿。

■ 图 1.3.9　同德殿

同德殿的一楼是溥仪处理政务与娱乐的场所，主要有广间、叩拜间、候见室、便见室、中国间、钢琴间、台球间、日本间、电影厅等。二楼原设计为溥仪和末代皇后婉容的寝宫，因溥仪疑心日本人在同德殿安装窃听设备而从未使用。图 1.3.10 为同德殿内部的主要场景。

叩拜间（未正式启用）

中国间

日本间

■ 图 1.3.10　同德殿内部主要场景

钢琴间

便见室　　　　　　　　　　　　电影厅

二楼溥仪卧室（未正式使用）　　　　　　"富贵人"李玉琴卧室

■ 图 1.3.10（续）

1.3.5 其他家具场景

1. 畅春轩（图 1.3.11）

畅春轩原为亲王居住，溥仪之父载沣到伪满祝

贺溥仪称"帝"时居住于此。溥仪爱妃谭玉玲也曾在畅春轩居住过。

卧室

客厅　　　　　　　　　　　　　　　　　谭玉玲书房

■ 图 1.3.11　畅春轩

2. 植秀轩（图 1.3.12 ）

植秀轩建于伪满初期。溥仪时常在此就餐、休息。其二妹和郑广元结婚后，曾居住于此。溥仪的现金和珠宝就存放在后套间的两个大保险柜内。同德殿建成后，这里便成了宫廷学生学习的场所。

宫廷学生教室

餐厅

沙发

■ 图 1.3.12　植秀轩

3. 怀远楼（图 1.3.13）

怀远楼于 1934 年建成，建筑面积 1483.69m²，是一座二层青砖楼房，是溥仪祭祀祖先的地方。一楼为侍从武官处及宫内府帝室审查局、近侍处、掌礼处办公室。二楼有溥仪祭祀祖先的奉先殿、尚书府办公室和清宴堂。

奉先殿

近侍处

帝室审查局

■ 图 1.3.13 怀远楼

1.4 苏州忠王府家具场景

苏州忠王府在江苏省苏州市的东北街，与拙政园相邻，是一座宏大的建筑物，是全国保存至今最完整的太平天国历史建筑物，也是我国历史上遗存下来最完整的农民起义军王府，现为苏州博物馆。

经过考察证明，忠王府有破土兴建部分，也有修缮改造部分，而绝大部分是利用旧有的建筑，加以装饰和刷新的宅第园林，并有一些建筑应是从他处移建的，经过一番精心设计和安排，形成具有官署、住宅、花园3个部分在内的各自独立又互相沟通的统一整体。忠王府的主体部分是官署，雄伟华丽，巍峨庄重，基本是太平天国时期兴建的，堪称是太平天国忠王府的精华所在。忠王府现有建筑群共占地 10650m²，建筑面积 7752m²，基本格局还保持着中路、东路、西路三部分。

1.4.1 卧虬堂

卧虬堂（图 1.4.1）为忠王府东路建筑，堂外为紫藤院，后为戏厅。相传当年拙政园主王献臣与吴中才子文徵明、唐寅、祝允明等相情相慕。仲春时节，藤飞花放，王献臣常在此宴饮诸子，名为"卧虬堂"。卧虬既因紫藤蟠屈似龙而名，又隐喻名士循世隐逸之意。

正面

侧看

■ 图 1.4.1 卧虬堂

注：本节图片均由傅小芳拍摄。

1.4.2 古典戏台

　　会馆是同乡人聚会之所，更是商贾贸易洽谈之地，往往建有戏台。古典戏台为忠王府东路建筑（图1.4.2），是八旗奉直会馆利用南部四合院的庭院修建而成的，虽经数次维修，但基本保持其原貌，是目前国内保存完好的室内古典戏台之一。整个古典戏台占地面积达450m²，气势雄伟，顶部为跨度达14.8m的歇顶式顶棚，在顶棚边檐下沿配翻窗

47扇，以补充室内的光线。戏台正面墙壁为著名画家金心兰所作的梅花仕女图，雕刻在黄杨木圆洞门屏障之上，戏台东西两端各设上下台阶。台两旁及对面均为名家的书法壁画楠木画屏，共26扇52面，有沈周、唐寅、文徵明、王宠、徐渭、王铎等名人书画，为工匠高手杨氏所镌，使整个古典戏台的文化氛围十分强烈，艺术价值甚高。

正面

侧看

■ 图1.4.2　戏台

中华民族传统家具大典·场景卷

1.4.3　四合院

四合院（图 1.4.3）是忠王府东路建筑，古典戏台后的第二进，总面积 720m²。因当时为满足旗人的居住习惯，将忠王府东路建筑改建为四合院，其风格完全是按照北京皇家四合院建造的。其柱漆为朱红，窗棂漆为墨绿，呈现出一派富丽堂皇的景象，使后人在江南水乡也能领略到北方四合院的建筑风格。

院内场景

■ 图 1.4.3　四合院

院内座椅

■ 图 1.4.3（续）

1.4.4 鹤轩

鹤轩（图 1.4.4）为忠王府西路建筑，三开间，其板壁均为楠木，故名楠木厅（又称花厅）。前有庭院，庭院和前大厅为一高墙所隔，院中有一圆洞门，高墙上有 5 扇形式各异的漏窗，庭院内有小石堆筑，雅致幽静，内有连理宝珠山茶两株，为清初陈士遴时的遗物。另有一棵高大的洋玉兰树，有数百年树龄；并有一棵桂花树，每年总是第一个开花，年均开花 2~3 次。这些树均为国家一级保护古树名木。

桌凳

座椅

■ 图 1.4.4　鹤轩内场景

柜子

案几

桌椅

案几

■ 图 1.4.4（续）

1.4.5 藏书楼

忠王府旧址的东路，以恢复晚清八旗奉直会馆的原貌为主，并利用东路北部四面厅的展室，以专题形式举办《捐赠文物陈列展》，以称颂和表彰张宗宪先生对家乡文化遗产保护事业的支持；忠王府旧址的西路，则以恢复清光绪年间张履谦豪宅及补

园的部分建筑原貌为主，利用其北部的小姐楼作为博物馆的藏书楼（图1.4.5）。

1.4.6 议事厅

议事厅（图1.4.6）是忠王李秀全召开军事会议的场所，中间设金椅一座，下面左右两侧各有4把座椅。

■ 图1.4.5 藏书楼

■ 图1.4.6 忠王府议事厅

1.5 天津庄王府家具场景

天津庄王府（李纯祠堂）（图 1.5.1）坐落于天津市南开区白堤路 82 号，占地面积 18000m²，总建筑面积 2800m²，是天津市规模最大的古建筑群，素有"天津小故宫"之美誉。经文物专家多方考证，认为此古建筑群是北京王府建筑集聚区以外，国内仅存的且保存完好、占地面积可观的王府风格建筑群。

这座"庄王府"并非天津土生土长的建筑。1914 年，江苏督军李纯在北京西直门外以 20 万元购得前清庄亲王府（原为明朝大宦官刘瑾旧宅），拆下建筑部件、材料（如琉璃瓦、雕梁画栋、墙砖、石雕等）运抵天津，历时 10 年建成与当年的北京庄王府一模一样的"李纯祠堂"。该建筑群大殿在修复时发现屋顶上的琉璃瓦背面烧铸有"王府"等字样，这些字迹表明李纯祠堂具有"皇室血统"。修缮后的庄王府建筑群从南到北，依次是巨大的照壁、前花园（内有石牌坊、石拱桥等）和三进式四合院。宽大的院落，雄伟的前殿、中殿、后殿，以及东西配殿，曲折蜿蜒的回廊，结构和工艺都十分讲究的戏台等，突现了主人身份的显赫，彰显出"王者"气派。

■ 图 1.5.1　天津庄王府

注：本节图片均由张小开拍摄。

1. 前殿（图 1.5.2）

前花园中的桌椅

入口前的兵器架

新娘花轿

婚庆家具

■ 图 1.5.2　前殿

2. 中殿（图 1.5.3）

场景

箱子

桌子

鸟笼

■ 图 1.5.3　中殿

3. 后殿（图 1.5.4）

正殿内家具场景

学堂内书桌和供案

学堂内景（从后向前看）

学堂内景（从前向后看）

■ 图 1.5.4　后殿

致谢：

本章部分文字和图片来源于百度百科等网络资料，在此表示感谢！

2

宅邸家具场景

宅邸是专指高级官员、贵族办事或居住的地方。本章重点展示的是中国传统官员或富贵家族等的宅邸内家具场景。这一家具场景也有很强的代表性，体现出当时一类阶层的生活文化气息，这种生活文化气息也体现在其建筑内的家具上。其家具布局及特点既有官方要素，同时也有地方特色和个人特点，展现出中国家具布置官民结合的特色。

2.1　安徽宏村家具场景

宏村（图 2.1.1），古称弘村，位于安徽省黄山西南麓，始建于南宋绍兴年间（1131—1162 年），距今约有 900 年的历史。宏村基址及村落全面规划由海阳县（今休宁县）的风水先生何可达制订。村中的两棵古树——白果树和红杨树是"牛角"。湖光山色与层楼叠院和谐共处，自然景观与人文内涵交相辉映，是宏村区别于其他民居建筑布局的特色，

成为当今世界历史文化遗产一大奇迹。全村现完好保存明清民居 140 余幢，承志堂"三雕"精湛，富丽堂皇，被誉为"民间故宫"。著名景点还有：南湖风光、南湖书院、月沼春晓、牛肠水圳、双溪映碧、亭前大树、雷岗夕照、树人堂、明代祠堂、乐叙堂等。村周有闻名遐迩的雉山木雕楼、奇墅湖、塔川秋色、木坑竹海、万村明祠"爱敬堂"等景观。

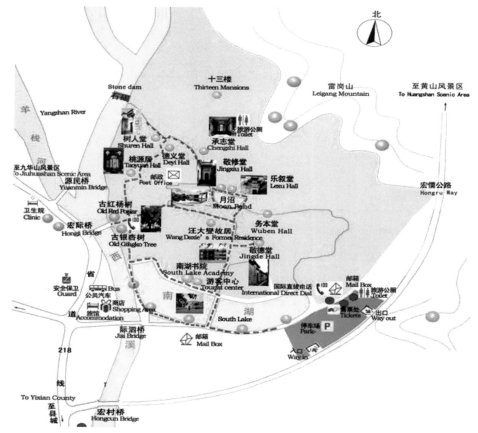

■ 图 2.1.1　宏村平面图

注：本节未注图片均引自 http://www.mafengwo.cn。

2.1.1　承志堂

安徽黟县承志堂（图 2.1.2、图 2.1.3）建于 1855 年前后，为清末盐商汪定贵住宅。砖木结构，全屋有木柱 136 根，大小天井 9 个，大小房间 60 间，门 60 个，占地面积 2100m²，建筑面积 3000m²。全屋分外院、内院、前堂、后堂、东厢、西厢、书房厅、鱼塘厅、厨房、马厩等；还有搓麻将的排山阁，

吸鸦片烟的吞云轩，以及保镖房、女佣住室、慈厅、小书房等。屋内有池塘、水井，用水不用出屋。前堂是回廊三间结构，分上下厅，雕梁画栋，天井四周为锡打水枧，上有"天锡纯嘏" 4 个大字。后堂和前堂的结构基本相同。内院有轿廊，用以停放轿子。轿廊西侧是鱼塘厅，呈三角形结构。

前堂

后堂

■ 图 2.1.2　承志堂

仪门（中门）内天井

■ 图 2.1.2（续）

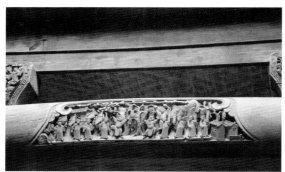

天井内的木雕

木雕花窗

木雕门

■ 图 2.1.3　承志堂内的木雕

2.1.2 乐叙堂

宏村汪氏宗祠"乐叙堂"（图 2.1.4）坐落于村中月沼北侧，建于明永乐年间（1403 年），是宏村景区一处核心建筑。受封建宗法制度的影响，聚族而居的徽州村落祠堂众多，分宗祠、支祠、家祠。宗祠是村落中最宏丽的建筑，是徽州人金钱与财富的展示、权威与地位的象征；是宗族的精神寄托、灵魂归宿和人性回归；也是宗族中开会、祭祖、议事、惩戒、婚嫁的场所。宗祠在古代是集立法权、审判权、执行权于一体的乡村最高权力机关。由于历史等原因，宏村宗祠内部结构基本已不复存在，如今我们看到的汪氏宗祠是遵循"修旧如旧"的原则重建的。

大门

厅堂

■ 图 2.1.4 汪氏宗祠"乐叙堂"

2.1.3　南湖书院

明朝末年，宏村人在南湖北畔建了 6 所私塾，称为"依湖六院"。清嘉庆年间（1814 年），花了 4 年的时间，将六院合并重建为一所规模极大的私塾，取名"以文家塾"，又叫"南湖书院"（图 2.1.5）。书院是一座具有浓厚徽州建筑风格的古建筑，面积 10 余亩[①]，外面与一湖碧水相邻，里面有玲珑的假山，院内有株百年圆柏松。

书院由志道堂、文昌阁、启蒙阁、会文阁、望湖楼、祇园 6 部分组成。志道堂是先生讲学之场所；

文昌阁奉设孔子文位，供学生瞻仰膜拜；启蒙阁乃启蒙读书之处；会文阁供学子阅鉴《四书五经》；望湖楼为教学闲暇观景休息之地；祇园则为内苑。书院前临一湖碧水，后依连栋楼舍、粉墙黛瓦、碧水蓝天交相辉映。书院大厅巍峨壮观，门楼保存完好，原有"以文家塾"金色匾额，是清朝翰林院侍讲、大书法家梁同书 93 岁时所书。西侧有望湖阁，卷棚式屋顶，楼窗面临南湖，上挂"湖光山色"横匾一幅，登高远眺，湖光山色尽收眼底。

大门

文昌阁

志道堂

■ 图 2.1.5　南湖书院

---

① 1 亩 ≈ 666.67m²。

2.1.4 其他宅邸

1. 敬修堂（图 2.1.6）

敬修堂位于宏村月沼（蓄水池）北侧西首，建于清代道光年间，距今已有 180 余年的历史。整幢建筑坐北朝南，占地面积 286m²，建筑面积 452m²；为二层二进砖木结构楼宇，是典型的清代徽派民居。

■ 图 2.1.6　敬修堂正厅（http://jssszslzhu.blog.163.com）

2. 松鹤堂（图 2.1.7）

宏村松鹤堂是建于清代的古建筑，是宏村以至徽州古建筑的代表之一，有 130 年的悠久历史，现为住宿餐饮的当地宾馆。

3. 桃源居（图 2.1.8）

桃园居建于清咸丰十年（1860 年），因房东曾于院内植一稀有品种的桃树而得名。桃园居虽说规模不大，但门楼砖雕和室内木雕堪称精品。

■ 图 2.1.7　松鹤堂正厅
（http://jssszslzhu.blog.163.com）

■ 图 2.1.8　桃园居正厅
（http://jssszslzhu.blog.163.com）

2.2 天津石家大院家具场景

位于千年古镇杨柳青的石家大院（图 2.2.1），是一处有"华北第一宅"之称的晚清民居建筑群，始建于 1875 年，是清代津门八大家之一石元士的旧宅，占地 7200m²，建筑面积 2900m²。整个大院，60m 长的大甬道的两侧共有四合套式 12 个院落，所有院落都是正偏布局，四合套式，院中有院，院中跨院，院中套院；从寝室、客厅、花厅、戏楼、佛堂到马厩，无论是通体格局、建筑风格还是艺术装饰，都反映了清末民初的文化遗存和当时的民俗民风。堂院坐北朝南，由大小四进院落组成。东院是三套四合院，为长辈及各房子孙居所；西院建客厅、戏楼和佛堂，是会客、娱乐、祭祀之所。大院建筑用料考究，做工精细，砖雕木刻形式多样，常用"福寿双全"、"岁寒三友"、"莲荷"、"万福"、

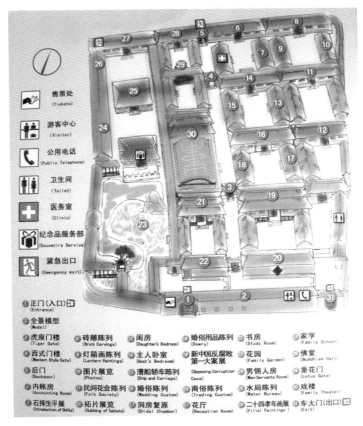

图 2.2.1 石家大院平面图

注：本节图片均由张小开拍摄。

"连珠"等喜庆吉祥图案。

现已开辟为杨柳青博物馆的石家大院中，收藏着大量名闻中外的杨柳青木版年画的历代杰作，有造诣颇深的神品书画师钱慧安、高桐轩等人的精品；也有具有中国古建筑特色的天津砖雕陈列，集中了

130余件上乘之作。砖雕俗称"刻砖"，是古代建筑的装饰艺术，独具一格，成就很高。值得一提的是，石家大院内的石府戏楼是中国北方最大的民宅戏楼。

图2.2.2～图2.2.8展示了石家大院部分室内家具场景。

■ 图2.2.2　婚房

■ 图2.2.3　厨房

乐善好施堂

几案

■ 图 2.2.4　书房

■ 图 2.2.5　主人房会客厅

■ 图 2.2.6　主人房卧室

■ 图 2.2.7　家学（私塾）

■ 图 2.2.8　戏园

2.3　山西乔家大院家具场景

　　乔家大院（图 2.3.1）位于山西祁县乔家堡村。大院为全封闭式的城堡式建筑群，建筑面积 4175m²，分 6 个大院，20 个小院，313 间房屋。大院三面临街，不与周围民居相连。外围是封闭的砖墙，高 10m 有余，上层是女墙式的垛口，还有更楼、眺阁点缀其间，显得气势宏伟，威严高大。大门坐西朝东，上有高大的顶楼，中间城门是洞式的门道，大门对面是砖雕百寿图照壁。大门以里是一条石铺的东西走向的甬道，甬道两侧靠墙有护墙围台，甬道尽头是祖先祠堂，与大门遥遥相对，为庙堂式结构。甬道把大院分为南北两部分，各有三院相对，右侧北面自东向西依次是一院、五院、六院，南面自东向西依次是二院、三院、四院，南北相对的院门都不正对着，而是错开一些。北面 3 个大院，都是芜廊出檐大门，暗榫暗柱，三大开间，车轿出入

绰绰有余。门外侧有拴马柱和上马石，从东往西数，依次为老院、西北院、书房院。所有院落都是正偏结构，正院主人居住，偏院则是客房佣人住室及灶房。在建筑上偏院较为低矮，房顶结构也大不相同，正院都为瓦房出檐，偏院则为方砖铺顶的平房，既表现了伦理上的尊卑有序，又显示了建筑上的层次感。大院有主楼 4 座，门楼、更楼、眺阁 6 座。各院房顶有走道相通，便于夜间巡更护院。

　　综观全院，布局严谨，设计精巧，俯视成"囍"字形，建筑考究，砖瓦磨合，精工细做，斗拱飞檐，彩饰金装，砖石木雕，工艺精湛，充分显示了中国劳动人民高超的建筑工艺水平，被专家学者誉为"北方民居建筑史上一颗璀璨的明珠"，因此素有"皇家有故宫，民宅看乔家"之说，名扬三晋，誉满海内外。

注：本节未注图片均引自 http://www.mafengwo.cn。

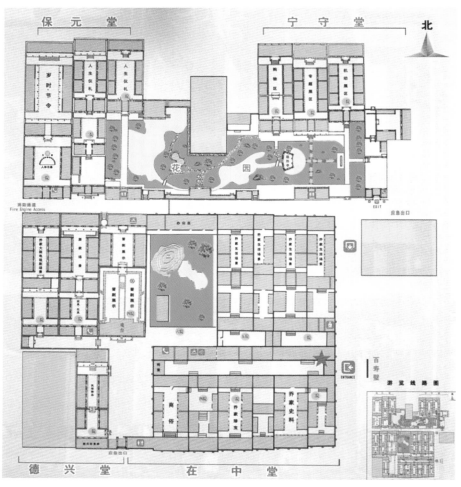

平面图

外景

■ 图 2.3.1　乔家大院

2.3.1　一院大夫第（老院）

　　一院大夫第称为老院（图 2.3.2~图 2.3.7），是整个建筑的第一期工程，由乔致庸的父亲乔全美所建。一进大门口处有个照壁，叫做福德祠。一般民宅中都会有，用途之一是装饰，二是镇宅避嫌。往里走，院内分为第一进院和第二进院。第一进院展出的是行和住的民俗。第二进院的正房是一个二层的小楼，但是有窗没有门，这叫做统楼，上方有一块牌匾"为善最乐"，这正是乔家老爷的座右铭，以前正房是用来会客的。

进口大门

进口旁福德祠

■ 图 2.3.2　一院进口

■ 图 2.3.3　一院内第一进院

■ 图 2.3.4　一院内第二进院及主楼（统楼）

正厅正面

正厅左看

正厅右看

右梢间

会客厅

餐厅

■ 图 2.3.5　主楼正厅

图 2.3.6　第二进院内两侧房内场景

（http://club.news.sohu.com/qingdao/thread/23wwxmznr40）

■ 图 2.3.6（续）

■ 图 2.3.7　一院内厨房

2.3.2 三院芝兰第

三院芝兰第也称三宝院，陈列着当时豪门家中的家具、古董和珍品（图 2.3.8）。除了乔家三宝等少数物品外，其余大部分不是当年原物，而是近年征集来的。

屏风

床（电影《大红灯笼高高挂》里巩俐饰演的角色曾使用）

■ 图 2.3.8　三院芝兰第

九龙灯（乔家三宝之一）

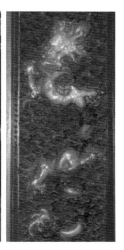

九龙壁屏风（乔家三宝之一）

犀牛望月镜（乔家三宝之一）

■ 图 2.3.8（续）

2.3.3 四院承启第

四院承启第（图2.3.9）建于民国十年（1920年），由乔致庸的侄孙乔映霞所修。这个院与其他几个院不同的是，它具有中西合璧的风格，它的门窗是欧式的，这是因为乔映霞早年在外留学，深受中西方文化的熏陶与影响。这一院展出的是商业习俗。

入口　　　　　　　　　　　　　　　　　　内院

正房客厅蜡像

■ 图2.3.9　四院承启第

2.3.4 五院中宪第（在中堂）

五院中宪第（图 2.3.10～图 2.3.12）的结构与一院大致相同，同样是里五外三穿心楼院，但建筑时间比一院晚了半个世纪，建于光绪年间，所以在造型、工艺等方面都有明显的变化。这里是乔家大院最精巧的院子，砖雕、木雕、彩绘比比皆是。房顶有脊雕，女儿墙有扶栏雕，院内有壁雕、屏风雕，甚至连房顶的烟囱也各有不同的造型和雕饰，有的厅状，有的屋状，千姿百态。砖雕题材十分广泛，从 1 到 100 皆可数来，如"一曼千枝"（葡萄）、"荷盒（和合）二仙"、"三星高照"（福禄寿）、"四时如意"（四狮）、"五福捧寿"（蝙蝠）、"六和通顺"（鹿鹤）、"七窍回文"、"八骏九狮"、"葡萄白籽"（多子），等等。

中宪第入口

在中堂门头

内院及明楼

■ 图 2.3.10 五院中宪第

会客厅

■ 图 2.3.11　明楼乔致庸宅邸

正面

两侧书房

卧室

■ 图 2.3.11（续）

小孩抓周

新婚礼仪：刮脸

新婚礼仪：拜堂

■ 图 2.3.12　五院中二进院外院展示的部分场景

2.3.5 乔家学堂

乔家在教育儿孙方面非常严格，具有优良的家风，培养出了许多出类拔萃的精英才俊，在各个领域，为家为国谱写了绚丽的篇章。图 2.3.13 是乔家学堂部分场景。

■ 图 2.3.13　乔家学堂

2.4 天津静园家具场景

静园（图 2.4.1）位于天津市和平区鞍山道 70 号（原日本租界区宫岛路），建于 1921 年，占地面积约 3016m²，建筑面积约 1900m²，为天津市特殊保护级别的历史风貌建筑、天津市文物保护单位。静园初名乾园，为北洋政府驻日公使陆宗舆宅邸，1929 年 7 月至 1931 年 11 月，末代皇帝溥仪于此居住，更名"静园"，寓意"静以养吾浩然之气"。园内建有西班牙式砖木结构楼房一座，两侧配有平房，后院建有附楼。现在对公众开放的静园为天津市 2005 年重新修复的。

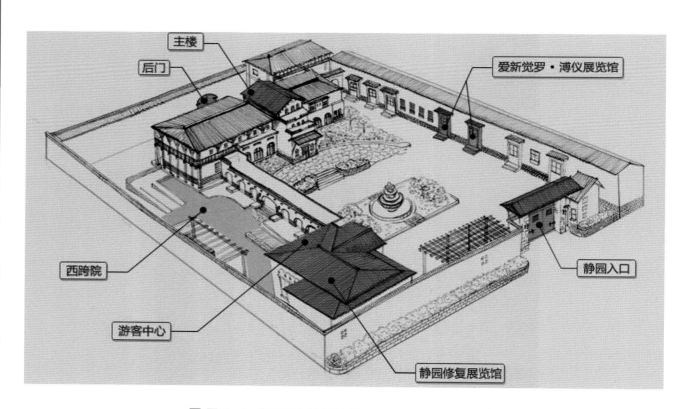

■ 图 2.4.1 静园布局透视图（http://www.tjjingyuan.com）

注：本节未注图片均由张小开拍摄。

静园为三环套月式三道院落，即前院、后院和西侧跨院。前院建有西班牙式二层（局部三层）砖木结构主楼一座，西半部为通天木柱的外走廊，东半部为封闭式。一楼恢复大餐厅、小餐厅、会议室、会客室、文绣卧室等；二楼恢复祠堂，溥仪和皇后婉容的书房、卧室等。楼内装修非常讲究，主要房间均配置护墙板、壁橱、博古架、书架等，装饰风格均为依照溥仪研究专家的考证精心挑选，可让人真实地体会到20世纪的那段岁月。复原陈列展品依据当初摆设，以清末民初的老家具、饰品为主，具有当时的时代特征。辅助陈列主要收录与溥仪及静园有关的器物，以及相关文字、照片资料等，以展示溥仪在天津的生活和政治活动全过程。

静园主体建筑属于折中主义风格，带有日本木构建筑特点和西班牙建筑的样式。门的结构和材料选用具有典型的日本特色，朴素自然而简约，然而它的缓坡屋顶、筒瓦的利用以及室内细部装饰则有明显的西班牙中世纪建筑的风格，见图2.4.2。

■ 图 2.4.2　静园主楼

1. 静园一楼家具场景（图 2.4.3）

议事厅

会客室

大餐厅

小餐厅

■ 图 2.4.3　一楼

2. 静园二楼家具场景（图 2.4.4）

溥仪书房

婉容书房

溥仪卧室

婉容卧室

■ 图 2.4.4　二楼

2.5 青海马步芳公馆家具场景

马步芳公馆（图 2.5.1）是青海省保存最为完整的民国时的建筑，也是全国唯一一座选用玉石建造的官邸，具有较高的历史文物价值和浓郁的地方民族文化特色，1986 年被省政府确定为省级重点文物保护单位。"公馆"保留下来的院落占地近 3 万 m²，建筑面积约 6800m²，共有房屋 298 间，分别由前院、中院、南院、西一号院、西二号院、西三号院以及后花园等 7 个独立而又有联系的院落组成，各院和重要厅宅都有暗道相通，院落设计精巧，建筑古朴典雅，整个院落透出老宅的深沉、庄严和神秘的气息。景区 2007 年已经被评为国家 AAAA 级旅游景区。

■ 图 2.5.1 青海马步芳公馆全景图
（http://www.99118.com/List/1012/1.htm）

注：本节未注图片均引自 http://club.city.sohu.com/qinghai/thread/16a0oos04vw。

2.5.1 前院

第一个院落即前院，是办公和接待宾客的院子，里面有玉石厅、贵宾厅和东西两厅。院子正中摆放着一辆 1942 年制造的美式悍马小吉普。

贵宾厅（图 2.5.2）又称为北房，是接待少数民族宾客的处所，面积 139m^2，由中厅和左右厢房组成。左厢房内铺设地毯，中间有一排低矮的小方桌。

右厢房中，有一座仿俄式方形壁炉，壁炉表面由玉石镶嵌，周围饰有花纹图案，做工精致，别具一格。右厢房还有两副对联，一副是蒋中正的：一路沿溪花覆水，几家深处碧藏楼；一副则是纪晓岚的真迹，录姚步瀛咏梅诗：淡如秋菊何妨瘦，清到梅花不畏寒。

外景

右厢房（http://www.99118.com/List/1012/1.htm）

左厢房（http://www.99118.com/List/1012/1.htm）

■ 图 2.5.2　贵宾厅

玉石厅（图2.5.3）因内外墙面均用玉石砌成而得名，面积96m²。该厅和公馆其他建筑所用的玉石产于青海兴海、互助等地，当地人称"羊脑石"，其硬度不高，但质地细腻，做建筑材料装饰房屋，显得雅致、美观。玉石厅是公馆的客厅，用于接待来公馆的贵宾。走进玉石厅，迎面是老式桌椅，墙上挂着许多当年的老照片，还有孙中山的画像和国民党党旗。

外景（http://www.99118.com/List/1012/1.htm）

内部陈设（http://www.99118.com/List/1012/1.htm）

■ 图 2.5.3 玉石厅

2.5.2 正院

第二个院落是中院，即正院（图2.5.4），是马步芳居住和工作的地方。这里是当年青海省的政治、军事中心。院子里有马步芳居室（图2.5.5）、他儿子马继援居室（图2.5.6）、马继援夫人张训芬居住的小楼（图2.5.7）；另外还有副官楼（图2.5.8）、参谋室（图2.5.9）及北会议厅和南接待厅。

正院南北房和东北角小楼均为客房。南面是展销玉石的玉石宫，门前摆放着一把太师椅，是用上百年的老树根雕成的，寓意"根成百年，添寿添福"。

■ 图2.5.4　正院外景
（http://www.99118.com/List/1012/1.htm）

居室内走廊（http://www.99118.com/List/1012/1.htm）

■ 图2.5.5　马步芳居室内陈设

客厅（从卧室向客厅方向）　　　　　　　　　　客厅（往卧室方向）

卧室

■ 图 2.5.5（续）

书桌等

陈列柜（http://www.99118.com/List/1012/1.htm）

卧室（http://www.99118.com/List/1012/1.htm）

■ 图 2.5.6　马继援居室内陈设

■ 图 2.5.7 　张训芬居室内陈设（http://www.99118.com/List/1012/1.htm）

■ 图 2.5.8　副官楼内陈设

■ 图 2.5.9　参谋室内陈设

2.5.3　女眷楼

第三个院子是女眷楼（图 2.5.10、图 2.5.11），又叫南小楼院，是女性宾客和部分女佣住宿的地方，位于公馆建筑群的西南角，南可通花园，北与伙房、侍从院相连，是古典回廊木结构的中式二层楼四合院，一楼是女佣住的，二楼是女宾住的。这个楼当年绝对禁止男性入内。

■ 图 2.5.10　女眷楼外景（http://www.99118.com/List/1012/1.htm）

■ 图 2.5.11　女眷楼内蒙古族家具陈设

2.5.4 小花园

第四个院子是小花园，大、小伙房也在此院（图 2.5.12）。

大伙房

小伙房

■ 图 2.5.12 伙房

2.5.5 警卫楼

第五个院子是马步芳亲信警卫部队的驻地，称为警卫楼（图 2.5.13）。院子里还有古油坊（图 2.5.14）、古水磨（图 2.5.15）。

■ 图 2.5.13　警卫楼内陈设

■ 图 2.5.14　古油坊

■ 图 2.5.15　古水磨

2.6 湖南张家界老院子家具场景

张家界老院子（图 2.6.1）位于湖南张家界市城区永定大道鹭鸶湾大桥东 200m，常德至张家界高速入口处。现存建筑始建于宋真宗（968—1022年）年间，于清雍正初年（1723 年）进行了大规模的修缮，其建筑风格为四合天井封火墙式土家建筑，融土家园林和吊脚楼于一体，是典型的毕兹卡（土家族）民居。目前以紫荆堂为主体的建筑是整个湘西乃至全国幸存下来，保存最为完好的土家古宅，堪称土家建筑的活化石，被誉为"土家第一宅"，是湖南省重点文物保护单位。

■ **图 2.6.1** 湖南张家界老院子大门阁楼（http://www.nipic.com）

注：本节未注图片均由张宗登拍摄。

老院子是中国科学院院士田奇镌的老宅。田氏祖先从北宋宋真宗年间就开始兴办教育，于1048年创办紫荆书馆，1352年创办天门书院，在1940年将书院和"长沙兑泽"合并。从清雍正年到民国，紫荆书馆获取功名者达43人，北伐名将2人，现世的后辈子孙多为教、科、卫界知名学者。老院子的主人三星高照、长盛不衰，与老院子的"诗书留后、孝悌传家"的儒家文化是分不开的。

紫荆堂建于清朝雍正初年，距今天约为300年，共用了820根椿木，100名工匠花了3年时间才完工，共占地2100m^2，有大小房屋31间，三层堂屋，四个天井，四合围墙，坐北朝南，东西对称，布局严谨，砖木结构，浑然一体。建筑学家认为这栋老屋是土家庭院建筑的经典。

图2.6.2和图2.6.3所示为张家老院子的部分场景。

大门入口

廊厅大门入口　　　　　　　　　　　　天井

■ 图2.6.2　老院子外部场景

议事厅

紫荆堂

家学馆 堂屋（文乐拍摄）

■ 图 2.6.3　老院子室内场景

2.7 天津徐家大院家具场景

坐落在天津老城厢东门里大街的徐家大院（图 2.7.1、图 2.7.2），原为英国麦加利银行买办徐朴庵的家宅，建于民国年间，建筑面积 2400m²，现在为天津市老城博物馆。

大院采用中国建筑小式做法，青砖、硬山顶，整体建筑坐北朝南、乾宅巽门，中轴线由三套院落组成，东西两侧配有箭道。其建筑雕饰典雅精美，是天津市区唯一保存完好的典型传统民居三进四合套院落，现占地 1381m²，建筑面积 711m²。其中三套院的西厢房复原老天津卫人的居室，20m² 的房间被分成三小间，再现居住在老城里人们的生活场景。

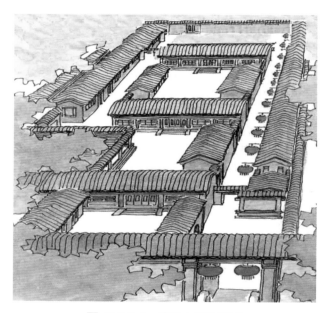

■ 图 2.7.1 徐家大院俯视图

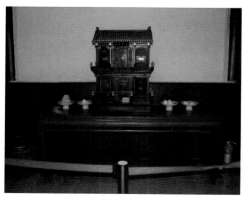

堂屋场景

卧室一角

■ 图 2.7.2 徐家大院室内陈设

注：本节图片均由张小开拍摄。

卧室的床及梳妆台等

婚房

■ 图 2.7.2（续）

客厅

■ 图 2.7.2（续）

客厅两侧房间

■ 图 2.7.2（续）

致谢：

本章部分文字和图片来源于百度百科等网络资料，在此表示感谢！

3

衙署家具场景

衙署指中国古代官吏办理公务的处所。《周礼》称官府，汉代称官寺，唐代以后称衙署、公署、公廨、衙门，是中国古代城市中的主要建筑。衙署是中国官方的重要管理部门，也是体现中国传统礼制文化的重要场所。衙署家具场景中体现的主要是地方一级政府的礼制要求，对家具的形制、布局、规格等形成的影响。由于各地文化、地域的差异，不同地区的衙署家具也有不同的风格。

3.1　河南南阳府衙家具场景

南阳知府衙门通常称为"南阳府衙"或者"南阳府署"（图 3.1.1），坐落于河南省南阳市民主街西部北侧，始建于元代 1271 年，历经元、明、清、中华民国等不同历史时期，共历 199 任知府。现存房屋 100 余间，南北长 240m，东西宽 50m，占地面积 36000m^2，是中国建制保存最完整的府署衙门，也是清代 215 个知府中目前全国唯一保存完整、规制完备的府级官署衙门。

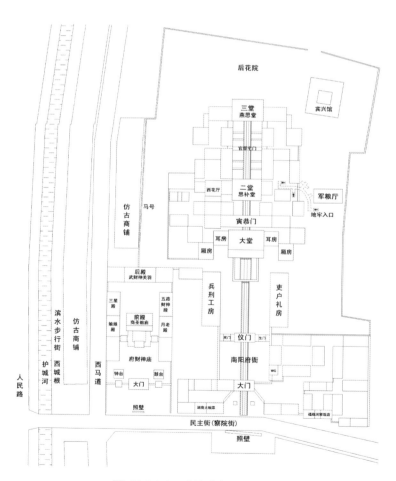

■ 图 3.1.1　南阳府衙平面图

注：本节未注图片均引自 http://blog.sina.com.cn/s/blog。

府衙现存建筑保留了元、明、清三代的建筑艺术（图 3.1.2）。坐北向南，轴线对称，主从有序，中央殿堂，两侧辅助，布局多路，院落数进。中轴线两侧左文右武，左尊右卑，前朝后寝。

南阳知府衙门布局严谨、规模宏大、气势雄伟，是秦始皇设置郡制以来留下的一个完整郡级实物标本，现存建筑就是一座历史档案馆。它既是北京故宫的缩影，又是南阳历史文化名城的象征，具有较高的历史、艺术、科学和利用价值。

府衙大门外正对着的为照壁（图 3.1.3），呈凹形，高 5m，宽 22.5m，用青砖砌成，砖上有"南阳府城"、"南阳府"砖铭。照壁前左、右两侧现有召父、杜母坊遗址。大门前是女儿墙，两侧是八字墙，墙体内各镶石碑四通。进入面阔三间、进深两间、拱券式的大门，便是仪门（图 3.1.4）。仪门形制同大门，唯前坡内侧檐部采用木色卷棚。仪门之后便是大堂，它面阔五间，进深三间，是中轴线上主体建筑，也是第三进院落。大堂后为寅恭门，即恭恭敬敬迎接宾客的大门。大堂之后的二堂是府台长官处理一般公务的地方，具有威严庄重的气氛。穿过二堂大门 20m，便是三堂，为知府接待上级官员、商议政事、处理公务及燕居的地方。堂后为府花园。

■ 图 3.1.2　南阳府衙全景图

■ 图 3.1.3　大门外照壁

■ 图 3.1.4　一进院内仪门

3.1.1 大堂家具场景

府衙大堂（图 3.1.5、图 3.1.6）高峻威严，气势宏大。该大堂重建于清顺治五至八年（1648—1651 年），虽经后世几次修缮，柱檩梁枋更换无几，但仍保持了清代的建筑风格和艺术手法。府衙大堂由大堂及其前部卷棚两部分构成，坐落在高 1.2m 的青石基之上，设三级踏步，其前又有堂前月台，再三级踏步，大堂面阔五间 26.85m，通进深（带卷棚）三间 16.2m，大堂主体为典型的清式五架梁带前后双步梁（其中明间减掉前排金柱）硬山建筑。檐用斗栱，堂内砌上露明做法，显示了府衙大堂规格之高，威仪之严。

■ 图 3.1.5 大堂外景

■ 图 3.1.6 大堂内陈设

■ 图 3.1.6（续）

二堂又称思补堂（图 3.1.7），有深思熟虑、助其不足之意，是知府处理一般公务的地方，有庄重威严的气氛。

外景（http://tieba.baidu.com/p/1872290853?see_lz=1）

大厅（http://tieba.baidu.com/p/1872290853?see_lz=1）

议事厅

■ 图 3.1.7 二堂

3.1.3 三堂家具场景

三堂（图 3.1.8），又曰"后堂"，是知府接待上级官员、商议政事、处理公务及燕居的地方。明代额曰"燕思堂"，后曰"思补堂"，清末改曰"退思堂"，均取退而思过之意。

三堂内还有一些居住的场所，比如格格房、跟班长随执事房、寅恭门门房等。

■ 图 3.1.8　燕思堂正厅

1. 格格房（图 3.1.9）

知府小姐居室，也称"格格房"。南阳民间传说，　慈禧幼年曾客居南阳府署，并暂住此房。

■ 图 3.1.9　格格房陈设

2. 跟班长随执事房（图 3.1.10）

跟班的职责是跟随主人上传下达，随叫随到、伺候主人。跟班在长随中被称为"二爷"，需练达勤能、聪明机警之人充任。

■ 图 3.1.10　跟班长随执事房陈设

3. 寅恭门门房（图 3.1.11）

下级官员拜见知府在寅恭门门房等候，安排接见。

■ 图 3.1.11　寅恭门门房陈设

4. 三堂东厢（图 3.1.12）

三堂东厢是知府家人居室，清代文学家麟庆

（南阳知府完颜岱山之孙，后官至两江总督、河道总督）出生在此。

客厅

会客厅

■ 图 3.1.12　三堂东厢室内陈设

5. 其他家具场景（图 3.1.13）

卧室

客厅

师爷住所（客厅（左）和书房（右））

■ 图 3.1.13　三堂其他家具场景

3.2　河南内乡县衙家具场景

河南内乡县衙（图 3.2.1）始建于元朝大德八年（1304 年），历经元、明、清及中华民国，距今已有 700 年的历史，占地 47000m²，有院落 18 进，房舍 260 余间。建筑自南向北主要有照壁，宣化坊，大门，仪门，吏、户、礼、兵、刑、工六房，大堂，门房，屏门，二堂及两厢，刑钱夫子院，穿廊，三堂及两厢，东西花厅，东西库房院和后花园；东辅线有寅宾馆、衙神庙、土地祠、衙役三班院、典史衙、县丞衙；西辅线有膳馆、监狱、吏舍、主簿衙等。整个建筑群严格按照清代官衙规制而建，建筑布局与《明史》《青会典》所载建筑规制完全相符，体现了古代地方衙署坐北面南、左文右武、前衙后邸、监狱居南的传统礼制思想，是封建社会遗留下来的宝贵的历史标本。

县衙的大堂、二堂、三堂分别比附北京故宫的太和、中和、宝和三大殿而建，贯穿了我国古代封建社会的礼制思想和中庸之道，同时又受其地理位置和其主持营建者、工部下派官员浙江人章炳焘的影响，融长江南北的建筑风格于一体，充分展示了中国古代劳动人民高超的建筑艺术。

内乡县衙是中国目前唯一保存最完整的封建时代县级官署衙门，为国内第一座衙门博物馆，全国重点文物保护单位，享有"龙头在北京，龙尾在内乡"、"北有故宫，南有县衙"、"一座内乡衙，半部官文化"的美誉。

■ 图 3.2.1　内乡县衙布局模型

注：本节图片由傅小芳拍摄。

1. 大堂家具场景（图 3.2.2）

外景

正面

■ 图 3.2.2　大堂

2. 二堂家具与陈设（图 3.2.3）

■ 图 3.2.3　二堂陈设（蜡像）

3. 内宅家具（图 3.2.4）

梳妆台

床

书房

■ 图 3.2.4　内宅部分家具

3.3　江苏淮安府衙家具场景

淮安府衙（图3.3.1）位于江苏省淮安市，是明代朱元璋夺了天下之后修建的，是明王朝直隶的府。淮安设府，便要有衙门，明洪武元年，知府范中将自己的府衙设在了原来元代的淮安路屯田打捕总管府衙里（现总督漕运部院遗址）。此地为城中心，地势极佳。当时淮安侯、淮安卫指挥史华云龙看上了它。知府的胳膊拧不过侯爷的大腿，只好将府衙相让。洪武三年（1370年），新任淮安知府姚斌看中了上坂街北的五通庙和元代沂郯万户府，将二处并一处，建成了新府。于是淮安府署诞生了（图3.3.2），它占地近2万m^2，有房300余间，迄今已有638年历史，里面共住过199位知府。

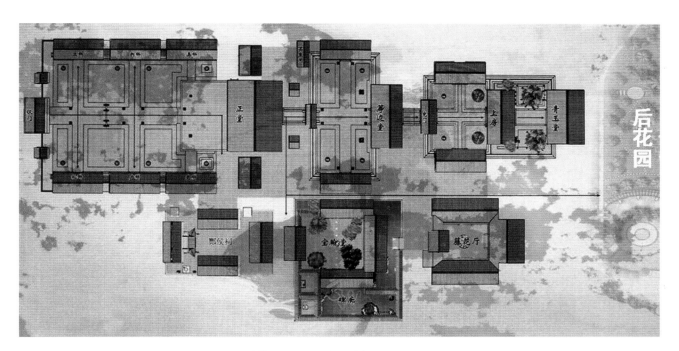

■ 图3.3.1　淮安府衙平面图
（http://baike.baidu.com/view/1296975.htm?fr=aladdin）

注：本节未注图片均由张小开拍摄。

经过历次维修,淮安府衙的格局基本固定下来。其内部房屋历代毁建,用途多有变化,现根据清末情况简述如下。

大门面南临街,前有 7 丈[①]（约 23m）长的照壁,东西有牌楼,极为雄壮。西牌楼在府市口,东牌楼在报恩寺（今电影院）前,各四柱,金丝楠木制成。石础径 6 尺（约 2m）,柱高 2 丈余（约 6.7m）,矗立云表。

整个建筑分中东西三路,中路为正房,除大门、二门外,有大堂、二堂两进。再往内为官宅之门,入门为上房,为知府等人住宅。上房后有楼,亦曰镇淮楼。大堂为知府处理公务之处,东西长 7 间,26m;南北宽 5 间,深长 18.5m,高 10m,高大雄伟,气势恢宏。堂前大院,东西为六科办公用房:东为吏科、礼科、户科,西为兵科、刑科、工科。

大堂北面为二堂,两堂之间有一座三槐台（一说三槐台在府衙内院外）,建自明朝嘉靖年间,用以镇压淮河水患。据记载,该台前后各有两根铜柱,后右柱间还有一铁釜。柱高 1 丈 5 寸许（约 5m）,围 3 尺许（约 1m）。二堂为知府处理日常事务之所,东西 5 间,长 22m;南北阔 3 间,长 11m,脊高 8.5m。三堂为上房官宅,即知府等生活起居之处,类似故宫前三殿、后三殿之意,也是封建官衙的通常格局。上房后的镇淮楼,与铜柱一样,亦有镇压水患之含义。

西路为军捕厅署,亦有大门、二门、大堂、二堂、上房。东路为迎宾、游宴之所。从大堂院东官厅门进入,就可见到藤花厅。厅东有一四合大院,为寅宾馆。北边正堂名"宝翰堂",堂之西壁,嵌明摹勒的《娑罗树碑》一通。藤花厅后为厨房,厨房东为四桂堂,当为馔堂。

■ 图 3.3.2　江苏淮安府署

---

① 1 丈 =10 尺 =100 寸 ≈ 3.33m。

1. 六科（图3.3.3~图3.3.8）

大堂前大院两侧是六科。

（1）工科（图3.3.3）。门前的对联是："兴工为国珍财货，举役存心泽子民。"意为办工坊为的是国家，举劳役是为民办事。

（2）礼科（图3.3.4）。其对联是："兴学育人弘礼乐，规章范典守纲常。"它掌管着学子们的学而优则仕，所以屋内挂着文官武官的官补，用以吸引学子们读书成才。还掌管着规章范典，维护各种礼仪，以教化百姓。

■ 图3.3.3　淮安府衙工科

■ 图3.3.4　淮安府衙礼科

（3）刑科（图3.3.5）。其对联是："量刑无枉皇恩显，执法秉公天宪彰。"意为没有刑的威吓哪里镇得住作奸犯科者？但量刑要无枉，执法要秉公，这才是执法的核心所在。

（4）户科（图3.3.6）。其对联是："赋税须知四民隐，度支应悉八方情。"意为算盘、天平，算计的是吃穿用度，思考的出发点却是全局的支出。

■ 图3.3.5　淮安府衙刑科

■ 图3.3.6　淮安府衙户科

（5）兵科（图3.3.7）。对联是："选兵练勇家邦靖，利械坚城草木威。"意为以厉器保家，以坚城卫国，其志在守，不在侵犯。

（6）吏科（图3.3.8）。其对联是："选官择吏贤而举，考证核绩廉以衡。"意为考问的是官员的清廉，选拔的是真正的人才。

中国的封建官署的布局是"东文西武"。但在淮安府署，无论东文还是西武，都体现着一个核心：爱民忠君。

■ 图3.3.7　淮安府衙兵科

■ 图3.3.8　淮安府衙吏科

2. 大堂（图 3.3.9）

大堂（即正堂）东西 7 间，长 26m；南北 5 间，共六柱十四檩 18.5m，脊高 10m，深大雄伟，十分威猛。大堂外的长联更显官者心迹："黜陟幽明承宣庶绩念念存戴高履厚，权衡淮海镇守名邦时时思利国泽民。"表其对君王的感恩之心，为国为民的责任之感。

大堂上高悬的不是一般古戏中常见的"明镜高悬"，而只是"忠爱"二字。

大堂外景

堂内陈设

■ 图 3.3.9 淮安府大堂

3. 二堂（图 3.3.10）

走出淮安府署大堂后门，10 来步远便有道中门，中门内便是二堂地域了。二堂大柱上的对联是："看阶前草绿苔青无非生意，听墙外鸦啼雀噪恐有冤情。"二堂内两侧对联是："与百姓有缘才来到此，期寸心无愧不负斯民。"这副对联"愧"字少了一点，

"民"字多了一点，作者的意思是，如果当官对民多爱一点，心中的惭愧就会少一点。

二堂为知府处理日常事务之所，亦为上房官宅，即知府等生活起居之处，是封建官衙的通常格局。

■ 图 3.3.10　淮安府二堂

4. 宝翰堂（图 3.3.11）

宝翰堂是知府的住处，在府衙的东侧，清德堂

包含在内。清德堂内最东面是知府的书房，名曰"集
雅斋"，中间是客厅，西面是知府的卧室。

■ 图 3.3.11　淮安府宝翰堂

3.4 河北河间府衙家具场景

河间府衙位于河北省河间市，是昔日与保定府、济南府、开封府齐名的京南四大名府之一，原为宋代安抚使知瀛洲治所，元朝为河间路总管府，明代始为府衙。因年久失修1937年前已成废墟，2011年由河间市政府投资9000万元、占地83.7亩，在原遗址上动工复建（图3.4.1）。建筑面积5000m²的河间府衙由正门、仪门、大堂、二堂和内宅等部分组成。

府衙俯瞰图

府衙入口

■ 图3.4.1 河间府衙

注：本节图片由张小开拍摄。

自北宋置府以来，河间府、县并存有804年的历史，所以城内既设府衙，又设县衙，直至辛亥革命废府存县。1936年，国民党政府又一度在此建立专员公署，专署县衙均设在原府衙内（现在河间二中所在地）。旧府衙坐北朝南，衙前设高大照壁（影壁），照壁两侧建有辕门，辕门外有直通河间东西大街的甬路，临街有高大木牌坊，坊上雕刻有"燕赵雄风"4个大字（传说是直隶总督方观承所书）。大门两侧有石狮一对，大门附近有口水井。门口两侧墙壁上（辛亥革命后）左边书"天下为公"，右边书"选贤与能"。大门内有门房（传达室），迎面有方杆旗斗两个，东西两侧有房舍，为隶卒居住，往里为仪门，东西分列吏舍，是掾吏办公的地方。

门东有申明亭，门西有旌善亭。仪门内为广庭甬道，两旁古柏参天，交相掩映，郁郁葱葱。西侧悬有大铜钟一个，镌有铭文，内含白金千两，声闻40里[①]，此钟后来被侵华日军掠走。

1. 大堂（图3.4.2）

沿甬道北上，原有石台阶5级，上面建有殿堂，名曰大堂，原为府官审理案件之所，凡大堂审理的一般民事案件，允许民众旁听，借以显露"清官大老爷"的明断。大堂堂门正中悬有匾额，上书："宝（保）釐堂"3个苍劲大字，据传是明朝严嵩所书。大堂两侧有厢房，为府官休息更衣之所。大堂前面立有戒石亭，碑石铭文："尔俸尔禄，民膏民脂。下民易虐，上天难欺。"与厅内府官之座相对。

正面

东侧

■ 图3.4.2　大堂陈设

① 1里＝0.5km。

2. 二堂（图 3.4.3）

大堂后面为穿堂，过了穿堂是二堂，一些机密　案件在此审理，不准民众旁听。

■ 图 3.4.3　二堂陈设

3. 内宅（图 3.4.4）

二堂后便是内宅，为知府（旧称太守）眷属居住的地方。内宅东西各建有厢房，是知府处理公文和接待宾客的地方。西跨院为神祠和同知署。东跨院为土地祠与经历署。府衙门前的大影壁，高约 7m，宽 10m。

■ 图 3.4.4　内宅陈设

3.5　保定直隶总督署家具场景

直隶总督署（图3.5.1）原建筑始建于元，明初为保定府衙，明永乐年间改做大宁都司署，清初又改作参将署，清雍正八年（1730年）经过大规模的扩建后正式启用。该署历经雍正、乾隆、嘉庆、道光、咸丰、同治、光绪、宣统八帝，计有180余年历史，直到清朝末代皇帝逊位才废止。

总督署呈对称形的建筑布局，整个建筑群东西宽130m，南北长220m，占地约3万m²，有院落20余个。主体建筑在中路，保存完好；东路有一些建筑尚存，一些被毁的建筑已经修复；西路毁于战火，原建筑已荡然无存，现在正筹划恢复。

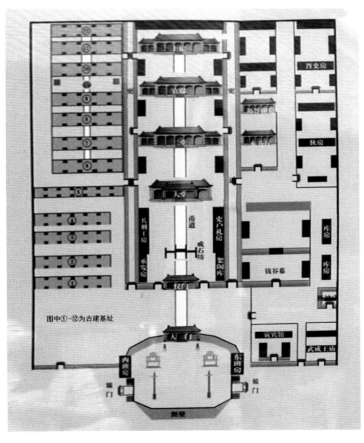

■ 图3.5.1　保定直隶总督署平面布局图

注：本节未注图片均由张小开拍摄。

1. 大堂（图 3.5.2）

进了仪门，视野非常开阔，要走 60m 的甬道才能到达总督的大堂——总督署的主体建筑。大堂内部的布置，是按照李鸿章任直隶总督时的样子复原的。进入大堂让人感到森严肃穆。正中上方悬挂一方匾额，上书"恪恭首牧"。这是雍正皇帝御笔，用以褒奖赞誉克勤克俭的直隶总督唐执玉。大堂虽为正堂，但总督平时并不在这里办公，只是一个举行隆重贺典和重大政务的场所，比如承接谕旨，拜发奏折，颁布政令，皇帝、太后、皇后生辰吉礼朝贺等。

外景

室内陈设

■ 图 3.5.2　大堂

2. 二堂（图 3.5.3）

大堂后边是二堂，又称"退思堂"、"思补堂"，取深思熟虑补其不足之意。这里是总督接见外地官员和僚属、复审民事案件、举行一般礼仪活动的场所。

■ 图 3.5.3　二堂陈设

3. 内宅（图 3.5.4）

从二堂屏风两侧过去就是三堂。三堂又称官邸，这里已经进入到总督的内宅了，外人不得擅入。正房明间为过厅，直通四堂院。东侧屋为签押房，是总督处理公务的地方。这里虽然办公，但因为是在自己家里，所以布置得半官半民，只有办公用具和木床一张，并没有仙鹤麒麟职衔牌之类的东西。西侧屋为书房，是总督读书写作、教育子女、休憩养

性的地方。三堂的楹联是唐执玉手书的"将勤补拙，以俭养廉"。这是他的座右铭，也是他一生为官勤廉的写照。因为唐执玉甚得雍正皇帝的赏识，这副楹联历届总督都不曾更换。

三堂后面是四堂，也称上房，是总督及眷属起居的地方。这里官气很淡，清静幽雅，花木扶疏，生活气息很浓。

书房（孙媛媛拍摄）

会客厅（孙媛媛拍摄）

■ 图 3.5.4　内宅家具场景

卧室外书房

■ 图 3.5.4（续）

内宅书房（孙媛媛拍摄）

■ 图 3.5.4（续）

卧室（孙媛媛拍摄）

■ 图 3.5.4（续）

致谢：

本章部分文字和图片来源于有关博物馆（院）官网及百度百科等网络资料，在此表示感谢！

4

宗教庙宇家具场景

本章主要展示的是中国不同地区涉及宗教、庙宇的家具场景,这一类场景本身比较特殊,既不同于官方建筑内的家具场景,也不同于民间的家具场景,是自成体系的。这一类场景中的家具及布局等相对单一,有趋同性。如各地的孔庙、佛教寺庙在家具布局上具有强烈的相似性。本章选取了部分有代表性的庙宇进行展示。

4.1　山东曲阜孔庙家具场景

曲阜孔庙（图 4.1.1）是祭祀孔子的本庙。据称孔庙始建于公元前 478 年，孔子死后第二年（公元前 478 年），鲁哀公将其故宅改建为庙。此后历代帝王不断加封孔子，扩建庙宇，到清代，雍正帝下令大修，扩建成现代规模。庙内共有九进院落，以南北为中轴，分左、中、右三路，纵长 630m，横宽 140m，有殿、堂、坛、阁 460 多间，门坊 54 座，御碑亭 13 座，拥有各种建筑 100 余座，房屋 460 余间，是占地面积约 95000m² 的庞大建筑群。孔庙内的圣迹殿、十三碑亭及大成殿东西两庑，陈列着大量碑碣石刻。特别是这里保存的汉碑，在全国是数量最多的，历代碑刻亦不乏珍品，其碑刻之多仅次于西安碑林，所以它有"中国第二碑林"之称。孔庙是中国现存规模仅次于故宫的古建筑群，是中国三大古建筑群之一，堪称中国古代大型祠庙建筑的典范。

孔庙的总体设计是非常成功的。前为神道，两侧栽植桧柏，创造出庄严肃穆的气氛，培养谒庙者崇敬的情绪。庙的主体贯穿在一条中轴线上，左右对称，布局严谨。前后九进院落，前三进是引导性庭院，只有一些尺度较小的门坊，院内遍植成行的松柏，浓荫蔽日。第四进以后庭院，建筑雄伟，黄瓦、红墙、绿树，交相辉映，既喻示了孔子思想的博大高深，也喻示了孔子的丰功伟绩。而供奉儒家贤达的东西两庑，分别长 166m，又喻示了儒家思想的源远流长。孔庙古建面积约 16000m²。主要建筑有金、元碑亭，明代奎文阁、杏坛、德侔天地坊等，清代重建的大成殿、寝殿等。金牌亭大木做法具有不少宋式特点，斗栱疏朗，瓜子栱、令栱、慢栱长度依次递增，六铺作里跳减二铺，柱头铺作与补间铺作外观相同等。正殿庭采用廊庑围绕的组合方式，是宋金时期常用的封闭式祠庙形制少见的遗例。大成殿、寝殿、奎文阁、杏坛、大成门等建筑采用木石混合结构，也是比较少见的形式。斗栱布置和细部做法灵活，根据需要，每间平身科多少不一、疏密不一、栱长不一，甚至为了弥补视觉上的空缺感，将厢栱、万栱、瓜栱加长，使同一建筑物相邻两间斗栱的栱长不一，同一柱头科两边栱长悬殊，这是孔庙建筑的独特做法。

注：本节图片由张福昌拍摄。

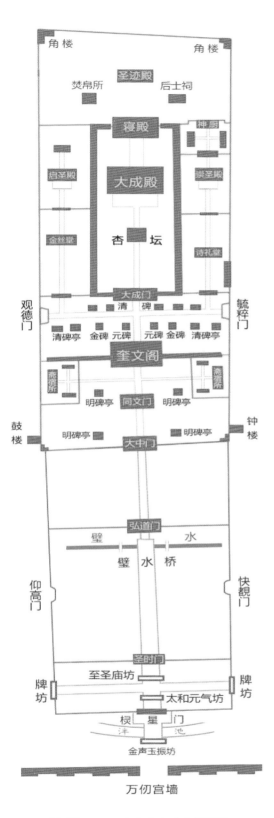

角楼　　　　　　　角楼

圣迹殿

焚帛所　　　　后士祠

寝殿　　　神厨

启圣殿　　大成殿　　崇圣殿

金丝堂　杏坛　　诗礼堂

大成门

观德门　　　　　　毓粹门

清　碑

清碑亭　金碑　元碑　元碑　金碑　清碑亭

奎文阁

斋宿所　　　　　　斋宿所

明碑亭　同文门　明碑亭

鼓楼　　　　　　　　钟楼

明碑亭　　　　　明碑亭

大中门

弘道门

璧　　　水

璧　水　桥

仰高门　　　　　　快睹门

圣时门

至圣庙坊

牌坊　　　　　　　　牌坊

太和元气坊

棂　星　门
泮　　池

金声玉振坊

万仞宫墙

■ 图 4.1.1　山东曲阜孔庙平面图

1. 大成殿（图 4.1.2）

大成殿是孔庙的主体建筑，面阔 9 间，进深 5 间，高 32m，长 54m，深 34m，重檐九脊，黄瓦飞彩，斗栱交错，雕梁画栋，周环回廊，巍峨壮丽。擎檐有石柱 28 根，高 5.98m，直径达 0.81m。两山及后檐的 18 根柱子浅雕云龙纹，每柱有 72 团龙。前檐 10 柱深浮雕云龙纹，每柱二龙对翔，盘绕升腾，似脱壁欲出，精美绝伦。殿内高悬"万世师表"等 10 方巨匾，3 副楹联，都是清乾隆帝手书。殿正中供奉着孔子的塑像，72 弟子及儒家的历代先贤塑像分侍左右。历朝历代皇帝的重大祭孔活动就在大殿里举行。殿下是巨型的须弥座石台基，高 2m，占地 1836m²。殿前露台轩敞，旧时祭孔的八佾（yì）舞也在这里举行。

正面看

侧面看

■ 图 4.1.2　大成殿场景

2. 其他场景（图 4.1.3）

后土祠里供奉的土地爷　　　　　　　诗礼堂

供奉的孔子夫妇等牌位　两庑

现在的崇圣祠内部

■ 图 4.1.3　其他场景

4.2 山东曲阜孔府家具场景

孔府（图 4.2.1）在山东省曲阜孔庙的东侧，是孔子嫡系后裔"衍圣公"的府邸。1961 年定为全国重点文物保护单位。北宋至和二年（1055 年）仁宗封孔子四十六世孙孔宗愿为"衍圣公"后，在原曲阜（当时称为仙源，在今曲阜县城东十里）县城内建造了衍圣公府。现存孔府为明洪武十年（1377 年）孔子五十五世孙孔克坚时，朝廷在阙里孔庙及孔子故居以东建的新府。弘治年间遭火灾，弘治十六年（1503 年）又奉旨重修。正德八年（1513 年），曲阜县城移至孔庙、孔府所在地，以便于保卫，孔庙、孔府便成为曲阜新城的中心区的主要建筑。

孔府明代占地 16hm²（1hm²＝10000m²），清代逐渐缩小，目前占地约 4.5hm²。其布局分为中、东、西三路。中路有 11 进庭院，内宅门以前为衍圣公视事衙署，后面为生活院落。东路为家庙、慕恩堂等祠庙和接待朝廷钦差大臣的九如堂、御书堂等建筑；厨房、酒坊等服务用房也在东路。西路有衍圣公读书和学诗习礼的红萼轩、忠恕堂，以及接待一般宾客的南北花厅等。

在孔府中路前部，共设三堂六厅。正厅（大堂）为五间九檩悬山建筑，前设大月台，中部三间为前檐空敞的传统大堂形制。正厅前有东西庑各 10 余

间，按明代六科设六厅，东庑设知印、典籍、管勾三厅，西庑为掌书、司乐、百户三厅。后厅（二堂）五间七檩，有穿堂与正厅相连，呈"工"字形。退厅（三堂）也作五间七檩，与东、西厢组成庭院。孔府三厅两庑主体为"工"字殿出月台的建筑布置，是明清两代衙署的典型格局。中路前院的东南隅还有刑狱设施。内宅门以东有防御用的碉堡。

在中路退厅以后，共有前上房、前堂楼、后堂楼三个封闭式庭院。前上房为七间七檩悬山式建筑，并有东、西厢房各五间，是衍圣公生活起居的主要院落。前、后堂楼都是七间二层，前出廊，东、西配楼各三间。后花园名为"铁山园"。后堂设楼也是明清府邸的典型布局，楼下为内眷卧室、起居室，楼上为贮藏财物的库房。孔府东、西还有东仓、西仓、车栏、马号、柴园等；孔府南、北还有族人及仆役家属居住区。

按封建礼制，孔府的规模之大已超过公府的定制，中、东、西三路房屋已将政务、祭祀、读书、宴客、生活、供应全部包罗俱全，布局俨然是小型宫殿。孔府在大门、二门、仪门、正厅等处明间阑额上绘有宫廷"双龙捧珠"的和玺彩画（见彩画作），反映出它是拥有皇家特权的贵族府第。

注：本节图片由张小开拍摄。

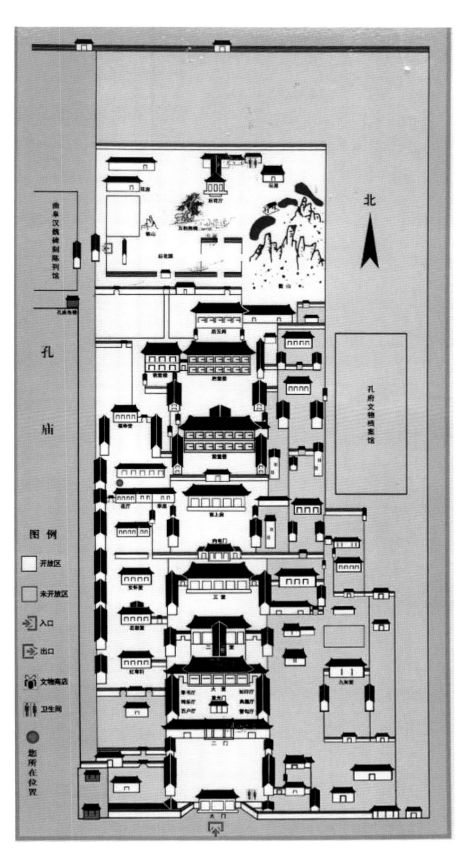

■ 图 4.2.1 山东曲阜孔府平面图

1. 大门（图 4.2.2）

孔府位于曲阜城中心，坐北朝南，迎面是一个粉白的大照壁，门前左右两侧有一对两米多高的圆雕雌雄石狮。红边黑漆的大门上镶嵌着狻猊铺首，正中上方高悬着蓝底金字的"圣府"匾额，相传为明相严嵩手书。门两旁明柱上，悬挂着一副对联："与国咸休安富尊荣公府第，同天并老文章道德圣人家。"这副对联相传是清人纪昀的手书，文佳字美，形象地说明了孔府在封建社会中的显赫地位。

2. 二门（图 4.2.3）

穿过第一进狭长的庭院，便是孔府中路的第二道大门，俗称二门。门建于明代，门楣高悬明代诗人、吏部尚书、文渊阁大学士李东阳手书"圣人之门"竖匾，下有阀阅承托，门柱有石鼓夹抱。正门左右各有腋门一座，耳房一间。在封建社会，平时只走腋门，正门不开，以示庄严。

■ 图 4.2.2 孔府大门

■ 图 4.2.3 孔府二门

3. 重光门（图4.2.4）

入圣人之门，迎面是一座小巧玲珑、别具一格的屏门，此门建于明弘治十六年（1503年），为木构，四周不与垣墙连属，独立院中，类似遮堂门。屏门顶覆灰瓦。门楣因悬明世宗亲颁"恩赐重光"匾额，故称重光门。门的4根圆柱下有石鼓夹抱，上面承托着彩绘的屋顶，前后各缀有4个倒垂的木雕贴金花蕾，故又称"垂花门"，在建筑工艺上很有研究价值。过去，重光门平时是不开的，每逢孔府大典、皇帝临幸、宣读诏旨和举行重大祭孔礼仪时，此门才打开。

■ 图4.2.4　孔府重光门

4. 大堂（图 4.2.5）

过重光门，院中有一片台基，台上原有日晷等物，其后便是宽敞的正厅，即孔府大堂。这是当年衍圣公宣读圣旨、接见官员、申饬家法族规、审理重大案件，以及节日、寿辰举行仪式的地方。厅堂5间，进深3间，灰瓦悬山顶。檐下用一斗二升交麻叶斗栱，麻叶头出锋，座斗斗斝，具有明代风格。大堂中央有一绘流云、八宝暖阁，正中的太师椅上披铺一张斑斓虎皮，椅前狭长高大的红漆公案上摆着文房四宝、印盒、签筒。

外景

内室

官衔牌

■ 图 4.2.5　大堂场景

5. 二堂（图4.2.6）

二堂也叫后厅，是衍圣公会见四品以上官员及受皇帝委托第年替朝廷考试礼学、乐学童生的地方。室内正中上、下挂着"钦承圣绪"和"诗书礼乐"的大匾，两旁立着几块石碑。其中，慈禧太后手书的"寿"字碑、"九桃图"、"松鹤图"等，是清光绪二十年（1894年）衍圣公孔令贻（孔子七十六代孙）及其母、其妻专程赴京为慈禧祝寿时赏给的。二堂两头的梢间，东为启事厅，西为伴官厅。

大堂和二堂之间通廊的阁老凳

启事厅

伴官厅

■ 图4.2.6　二堂场景

6. 三堂（图 4.2.7）

二堂之后有个不大的庭院，两棵冲天挺拔的苍桧并列两旁，6 个石雕盆内各立一块形状奇特的太湖石。此院的北屋即三堂。三堂也叫退厅，是衍圣公接见四品以上官员的地方，也是他们处理家族内部纠纷和处罚府内仆役的场所。此院的东西配房各有一进院落，东为册房，掌管公府的地亩册契；内为司房，掌管公府的总务和财务；西为书房，为当年公府的文书档案室。

三堂之后便是孔府的内宅部分，亦称内宅院。有道禁门——内宅门与外界相隔。此门戒备森严，任何外人不得擅自入内。清朝皇帝特赐虎尾棍、燕翅镗、金头玉棍 3 对兵器，由守门人持武器立于门前，有不遵令擅入者将"严惩不贷"。

内部正中

侧厅

内部东侧

内部西侧

■ 图 4.2.7 三堂场景

7. 前上房（图 4.2.8）

前上房是孔府主人接待至亲和近支族人的客厅，也是他们举行家宴和婚丧仪式的主要场所。院内东西两侧各有一株茂盛的十里香树，每当春夏相交时节，洁白的花朵散发出阵阵清香。房前有一大月台，四角放着 4 个带鼻的石鼓，是当年府内戏班唱戏时扎棚的脚石。清末孔府养着几十人的戏班子，主人一声令下，马上开锣唱戏。前上房内，明间敞亮，正中高悬"宏开慈宇"的大匾，中堂之上，挂有一幅慈禧亲笔写的"寿"字。

"宏开慈宇"的大匾和慈禧亲笔写的"寿"字

正中侧面

■ 图 4.2.8 前上房场景

室内陈设

■ 图 4.2.8（续）

8. 前堂楼（图 4.2.9）

穿过前上房，过一道低矮的小门，便进入了前堂楼院。前堂楼是七间二层楼阁，室内陈设布置仍保持着当年的原貌。中间设一铜制暖炉，为当时取暖的用具。东间的"多宝阁"内，摆设着凤冠、人参、珊瑚、灵芝、玉雕、牙雕等。里套间为孔令贻夫人陶氏的卧室，再里间是孔令贻两个女儿的卧室。七十七代孙、衍圣公孔德成14岁时写的"圣人之心如珠在渊，常人之心如瓢在水"的条幅，原封不动地挂在墙壁上。

正厅

正厅侧面

■ 图 4.2.9　前堂楼场景

室内陈设

■ 图 4.2.9（续）

9. 后堂楼（图 4.2.10）

过前后抱厦，进入后堂楼院。后堂楼是二层前出廊的 7 间楼房，东西两侧有二层前出廊的配楼各 3 间。后堂楼是孔德成的住宅。堂中陈列着其结婚时的用品，以及当时友人赠送的字画和礼品。东里间为当时的接待室，摆设着中西结合的家具，里套间是孔德成和夫人孙琪芳的卧室。东墙上的镜框内镶有孔德成夫妇及儿女的合照，后堂楼西边的两间是孔德成夫人奶妈的卧室。院内的楼是当年府内做针线活的地方，西楼是招待内客亲属的住宅。后堂楼西边还有一座楼，为佛堂楼，是衍圣公烧香拜佛的处所。后堂楼之后还有 5 间正房，叫后五间，旧称枣槐轩，原是衍圣公读书的处所，清末成为女佣的住宅。

正厅

正厅侧看

后堂楼东间卧室

后堂楼西间卧室

■ 图 4.2.10　后堂楼场景

美国大使马歇尔送给孔德成的欧式沙发

蒋介石送给孔德成的国产沙发、地毯

■ 图 4.2.10（续）

10. 忠恕堂（图 4.2.11）

忠恕堂是孔府西路建筑，因"夫子之道，忠恕而矣"而名，是衍圣公学诗学礼的地方。堂内有六十七代衍圣公孔毓圻、七十三代衍圣公孔庆镕、七十二代衍圣公孔宪培所书的对联、匾额。堂外院内有百年腊梅、丁香、石榴。

11. 红萼轩（图 4.2.12）

红萼轩在孔府西路，此路又称西学院，是当年衍圣公会客、读书吟诗和习礼之所，各种厅、堂、轩、房 70 余间，环境优雅别致。清代建筑 5 间，灰瓦硬山顶，七檩四柱前后廊式木架。前出廊，廊下置坐凳木栏。轩前有小露台，院内有假山花草树木。

■ 图 4.2.11 忠恕堂场景

■ 图 4.2.12 红萼轩场景

4.3　浙江杭州灵隐寺家具场景

灵隐寺（图 4.3.1）始建于东晋咸和元年（326年），至今已有约 1700 年的历史，为杭州最早的名刹。灵隐寺地处杭州西湖以西，背靠北高峰，面朝飞来峰，两峰挟峙，林木耸秀，深山古寺，云烟万状。

灵隐寺开山祖师为西印度僧人慧理和尚。他在东晋咸和初，由中原云游入浙，至武林（即今杭州），见有一峰而叹曰："此乃中天竺国灵鹫山一小岭，

不知何代飞来？佛在世日，多为仙灵所隐。"遂于峰前建寺，名曰灵隐。

灵隐寺初创时佛法未盛，一切仅初具雏形而已。至南朝梁武帝赐田并扩建，其规模稍有可观。唐大历六年（771年），曾作过全面修葺，香火旺盛。然而，唐末"会昌法难"，灵隐受池鱼之灾，寺毁僧散，直至五代，吴越王钱镠命请永明延寿大师重兴开拓，

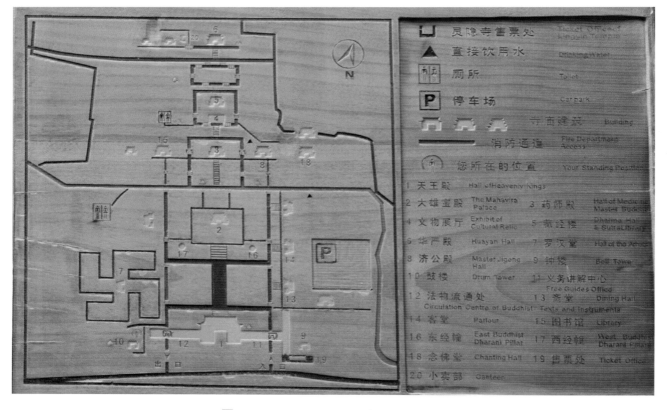

■ 图 4.3.1　浙江杭州灵隐寺平面布局图

注：本节图片由许熠莹拍摄。

并新建石幢、佛阁、法堂及百尺弥勒阁，并赐名灵隐新寺。灵隐寺鼎盛时，曾有9楼、18阁、72殿堂，僧房1300间，僧众多达3000余人。南宋建都杭州，高宗与孝宗常幸驾灵隐，主理寺务，并挥洒翰墨。宋宁宗嘉定年间，灵隐寺被誉为江南禅宗"五山"之一。清顺治年间，禅宗巨匠具德和尚住持灵隐，立志重建，广筹资金，仅建殿堂时间就前后历18年之久。梵刹庄严，古风重振，其规模之宏伟跃居"东南之冠"。清康熙二十八年（1689年），康熙帝南巡时，赐名"云林禅寺"。

目前，灵隐寺主要由天王殿、大雄宝殿、药师殿、直指堂（法堂）、华严殿为中轴线，两边附以五百罗汉堂、济公殿、联灯阁、华严阁、大悲楼、方丈楼等建筑所构成，共占地130亩，殿宇恢弘，建构有序。大雄宝殿中有一尊释迦牟尼佛像，是以唐代禅宗佛像为蓝本，用24块樟木雕刻镶接而成的，共高24.8m，妙相庄严，气韵生动，为国内所罕见。

1. 大雄宝殿（图4.3.2）

询问台

■ 图 4.3.2　大雄宝殿场景

客堂

■ 图 4.3.2（续）

蒲团与供台

蒲团与烛台　　　　　　　　　　　　　主蒲团和香案

供台　　　　　　　　　　　　　　　主供台

■ 图 4.3.2（续）

殿前的香炉

殿前的点香台

盆景台

木鱼台

鼓

■ 图 4.3.2（续）

2. 济公殿（图 4.3.3）

蒲团、香案和供台

信息台

围栏角装饰

殿前的香炉

殿前香炉

殿前的烛台

■ 图 4.3.3　济公殿场景

3. 天王殿（图 4.3.4）

殿前的香炉

神龛

烛台

长明灯

■ 图 4.3.4　天王殿场景

4. 罗汉堂（图 4.3.5）

■ 图 4.3.5　罗汉堂中的神龛

4.4 河南洛阳白马寺家具场景

河南洛阳白马寺（图 4.4.1、图 4.4.2）位于河南省洛阳老城以东 12km 处，创建于东汉永平十一年（68 年），为中国第一古刹，世界著名伽蓝，是佛教传入中国后兴建的第一座寺院，有中国佛教的"祖庭"和"释源"之称。现存的遗址古迹为元、明、清时所留。寺内保存了大量元代夹纻（zhù）干漆造像如三世佛、二天将、十八罗汉等。

白马寺整个寺庙坐北朝南，为一长形院落，总面积约 4 万 m²，主要建筑有天王殿、大佛殿、大雄宝殿、接引殿、毗卢阁等，均列于南北向的中轴线上。虽不是创建时的"悉依天竺"旧式，但寺址从未迁动过，因而汉时的台、井仍依稀可见，有 5 重大殿和 4 个大院以及东西厢房。

■ 图 4.4.1 河南洛阳白马寺鸟瞰图

注：本节图片由张小开拍摄。

室内场景

户外香炉

■ 图 4.4.2　白马寺场景

致谢：

本章部分文字和图片来源于百度百科等网络资料，在此表示感谢！

5

园林家具场景

中国园林自成体系,是中国文人士大夫等文化精神的集中体现。各地园林由于地域文化的差异也存在很大的不同,因此,各地园林家具也呈现出不同的面貌,丰富多彩。本章展示的各类园林家具场景体现了中国传统文化,特别是对比官方的民间家具设置场景,更多体现的是民间的、个人的文化精神乐园,以及民间对家具特点与布局的意志,官方的理念反而体现得不多。

5.1 苏州拙政园家具场景

拙政园（图 5.1.1）始建于明正德初年（16 世纪初），距今已有 500 多年历史，是江南古典园林的代表作品。1961 年被国务院列为全国第一批重点文物保护单位，与同时公布的北京颐和园、承德避暑山庄、苏州留园一起被誉为中国四大名园。1991 年被国家计划委员会、旅游局、建设部列为国家级特殊游览参观点，1997 年被联合国教科文组织批准列入《世界遗产名录》，2007 年被国家旅游局评为首批 AAAAA 级旅游景区。

拙政园位于江苏省苏州市东北隅（东北街 178 号），截至 2014 年，仍是苏州现有的最大的古典园林，占地 78 亩（约合 5.2hm^2）。全园以水为中心，山水萦绕，厅榭精美，花木繁茂，具有浓郁的江南水乡特色。花园分为东、中、西 3 部分，东花园开阔疏朗，中花园是全园精华所在，西花园建筑精美，各具特色。园南为住宅区，体现典型江南民居多进的格局。园南还建有苏州园林博物馆，是国内唯一的园林专题博物馆。

图 5.1.2 和图 5.1.3 分别为苏州拙政园客厅和大厅家具场景。

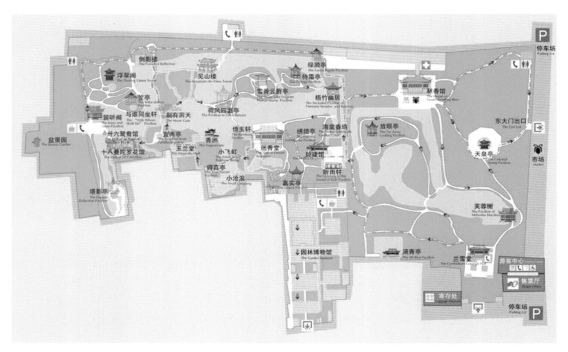

■ 图 5.1.1 苏州拙政园平面图

注：本节图片由傅小芳拍摄。

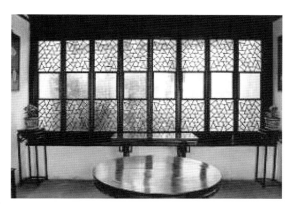

■ 图 5.1.2　苏州拙政园客厅

■ 图 5.1.3　苏州拙政园大厅

5.2　乌镇园林家具场景

乌镇（图 5.2.1）地处浙江省桐乡市北端，西临湖州市，北界江苏苏州市吴江区，为二省三市交界之处。乌镇原以市河为界，分为乌青二镇，河西为乌镇，属湖州府乌程；河东为青镇，属嘉兴府桐乡。新中国成立后，市河以西的乌镇划归桐乡，才统称乌镇。全镇辖 13 个社区和 18 个行政村。

乌镇曾名乌墩和青墩，有 6000 余年的历史，是全国 20 个黄金周预报景点及江南六大古镇之一。乌镇是典型的江南水乡古镇，有"鱼米之乡，丝绸之府"之称。1991 年被评为浙江省历史文化名城，1999 年开始进行古镇保护和旅游开发工程。

图 5.2.2 为乌镇部分家具场景。

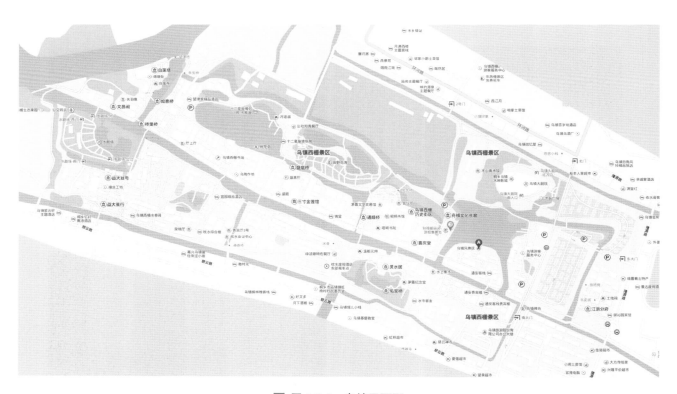

■ 图 5.2.1　乌镇平面图

注：本节图片引自 www.wuzhen.com.cn。

公园厅堂

结婚仪式

民间艺人说唱

民居灶台

图 5.2.2　乌镇部分家具场景

婚庆场景

喜庆堂场景

图 5.2.2（续）

恒益堂药店

江浙分府

肇庆堂银楼厅上厅

孔另境纪念馆

矛盾纪念馆

■ 图 5.2.2（续）

月老庙昭明书院

叙昌酱园

香山堂药店

■ 图 5.2.2（续）

5.3 扬州何园家具场景

何园（图 5.3.1）本来名叫"寄啸山庄"，因为园子的主人姓何，所以又被称作何园，位于江苏省扬州市古运河畔的徐凝门街。

何园建于 19 世纪末的清光绪年间，是扬州古典园林中建筑最晚的一座，因而也是目前保存最好的名园。由于园主人何芷舠（dāo）曾经担任过清政府驻法国公使馆职务，所以，这座园林建筑在装饰上汲取了西洋格调，有着鲜明的时代特色。现在，何园大门改在园东徐凝门街，进门见到的便是何园东半部分。中心的厅堂名称叫"船厅"，船厅的东北用湖石贴着高高的围墙叠成假山。过亭循山西行，拾级可以登上"半月台"。楼下廊壁间，还用水磨砖砌成图案精美的漏窗，从东边即能看见西边园景诱人的一角。这种借漏窗透景引人入胜的设计，是扬州园林的特色之一。

何园西半部是主体，是最精彩的部分。园中一大池，池北有楼 7 楹。中间 3 间稍突出，两侧各有两间稍敛而舒展，屋角微翘，状如蝴蝶，俗称"蝴蝶厅"。楼上下均有透迤曲折的回廊复道相连，全长 400m，又称"串楼"。这种精妙的设计是扬州园林的代表作。池东建四面环水的水亭一座，在扬州园林中称作"小方壶"。所谓"方壶"，就是"海中仙山"。也有人认为，水亭是演唱戏曲的好地方，水而回声，可以增强音响效果。何园上有串楼，下有回廊，回环曲折，层层叠叠，把局部美和群体美巧妙地连成一个整体。园景分高下两个层次，转换成前后左右四面，从不同角度看去，都各显其美，连起来看，就成了一个长幅画卷。再加上漏窗照应，借景生辉，回廊通连，假山依托，池水倒影，在一个占地不多的园林内，静中寓动，即小见大，最大

图 5.3.1　扬州何园平面图

注：本节图片由傅小芳拍摄。

限度地激发了游人兴致。因此，游览何园，必须楼上楼下、曲曲折折、高高低低，边走边看，才能全面地领略它的妙处。何园是清代后期扬州园林的代表作，为全国重点文物保护单位。

1. 楠木厅（图 5.3.2）

此厅是扬州面积最大、保存最为完好的一座楠木厅。当年的园主何芷舠在此接待嘉宾，给人一种庄重而舒朗的感觉。

大厅

片石山房内的书房

■ 图 5.3.2　楠木厅

2. 读书楼（图 5.3.3）

当年园主人何芷舠的大公子何声灏在此读书， 何声灏后被钦点为翰林院庶吉士。

■ 图 5.3.3 读书楼

3. 赏月楼（图 5.3.4）

此为当年园主何芷舠专为母亲修造。楼上平台　　半出，可凭栏赏月；室内供奉观音，供高堂静修祝祷。

■ 图 5.3.4　赏月楼

4. 主人卧室（图 5.3.5、图 5.3.6）

图 5.3.5 是当年园主何芷舸的卧室，中为拉门，后隔间置有阔大的梳妆台和小圆桌。从此陈设可以品出晚清时的"洋气息"。

图 5.3.6 也是园主人家的卧室之一。其内设的大床属于较为传统的一种，而空间布置仍体现出住宅人性化的功能。

■ 图 5.3.5 主人卧室——西式

■ 图 5.3.6 主人卧室——中式

5. 主人书房（图 5.3.7、图 5.3.8）

图 5.3.7 是当年园主何芷舠的书房。从其写字台和其他摆设及壁炉上的瓷砖细察，已见一派浓郁的西式风情。

图 5.3.8 是园主的又一种书房格局。虽然不及楼上书房气派，但也简朴雅致。其写字台和书案各置一边，宜于两人共用。

■ 图 5.3.7　主人书房——西式

■ 图 5.3.8　主人书房——中式

6. 园主杰出后裔史料陈列（图 5.3.9）

■ 图 5.3.9　史料陈列

7. 小姐房（图 5.3.10）

客厅

梳洗、化妆间

卧室

■ 图 5.3.10　小姐房

8. 蝴蝶厅（图 5.3.11）

此厅因形似蝴蝶而得名。原为园主何芷舠宴请宾客令其一饱口福之处，亦称"宴厅"。厅内壁刻均为名家手笔，人们在此也可一饱眼福。

9. 赵妈居室（图 5.3.12）

据家传之规，何家不设丫鬟，贴身女佣也为已婚女子。赵妈是何园的女总管，后随全家迁居上海，仍在何家负责内务管理。

■ 图 5.3.11　蝴蝶厅

■ 图 5.3.12　赵妈居室

10. 吉水祖物（图 5.3.13）

何园主人祖籍安徽省江县吉水镇。明清时期，总长 1km 的上下街，店铺作坊 200 余家，居民千余人，极一时之盛。这里陈列着何氏祖先店铺遗物。

11. 祖传农具（图 5.3.14）

本室陈列的是望江何氏后裔捐献的旧物，为祖先劳作的工具。

■ 图 5.3.13　吉水祖物

■ 图 5.3.14　农具陈列室

12. 何氏家祠（图 5.3.15）

■ 图 5.3.15　何氏家祠

5.4　扬州个园家具场景

个园（图 5.4.1）位于江苏省扬州市区东关街318 号住宅之后，是全国重点文物保护单位，中国古典名园之一，为寿芝园旧址。寿芝园的叠石，相传为清初大画家石涛手笔。清嘉庆二十三年（1818年）两淮盐业总商黄至筠改筑，园中多植竹，因竹叶形似"个"字，名个园。个园以叠石精巧闻名。园内假山，有春、夏、秋、冬四季景色的意境，由楼、台、厅、轩相连，和谐地统一在一起，独具特色。正中为园门，上嵌"个园"石额。进园门处，为湖石花坛，花坛对面有四面厅，厅北有池，临水叠石，曲折高低透迤向东，偏东近水有清漪亭。厅西北有湖石山一组。山腹隧洞幽深，山下有碧池入洞，池上有石梁曲折通洞中。洞内有石下垂，形如钟乳，盛夏入内，顿觉清凉。山顶有鹤亭，亭畔有古柏临岩，苍翠如盖。山西南植竹为林，满目青翠。山东巅与七楹长楼抱山楼相连。楼有复道廊接园东的黄石山，黄石山拔地而起，夕照下如抹如染，宛如一幅秋山图画。山北高处有方亭名拂云。山中磴道上下盘旋，曲折迂回，变幻莫测。中部一石室，有石榻横陈。下至底层，南望有峭壁对耸，仰视见云天一线。石室外为一方洞天，四面峰石峻峭，有石桥凌空，古柏挺立，置身其中，如临深山幽谷。谷南为山的中部，上有平台，新建住秋阁。南面有峰峦突起，下有隧洞。向南缘石径而上可通园东的楼阁，今名丛书楼。园西南有北向厅屋 3 间，名透风漏月。厅南倚院墙朝北筑宣石山一组。山石盘亘，其色如雪，石英含点闪闪发亮，远远看去，似积雪未消。山后粉墙上开尺许圆洞 24 个，上下 4 排交错排列，风起呼啸有声，颇有隆冬意境。山西端墙上辟有洞窗，园门处景色隐约可见。个园假山，是扬州古园林叠石的代表作。

图 5.4.2～图 5.4.9 为扬州个园部分家具场景。

注：本节图片由张福昌拍摄。

■ 图 5.4.1 扬州个园平面图

■ 图 5.4.2　宜雨轩

■ 图 5.4.3　清美堂

■ 图 5.4.4　汉学堂

■ 图 5.4.5　餐厅

■ 图 5.4.6　客厅

图 5.4.6（续）

■ 图 5.4.7　书房

■ 图 5.4.8　厅廊

■ 图 5.4.9　厨房

5.5　南京瞻园家具场景

瞻园（图 5.5.1）又称大明王府和太平天国历史博物馆，始建于明朝初年，是中山王徐达的府邸花园，现仍留存的石矶及紫藤，距今已有 600 多年历史。瞻园位于江苏省南京市瞻园路 128 号，明初为中山王徐达七世孙太子太保徐鹏举王府西花园。据明末王世贞撰《游金陵诸园记》记载，当时园内"透迤曲折，叠磴危峦，古木奇卉"，"后一堂极宏丽，前叠石为山，高可以眺群岭，顶有亭尤丽，所植梅、柳、海棠之类甚多，闻春时烂漫，若百丈宫锦幄也"。清代为藩署，乾隆皇帝南巡时赐名"瞻园"，太平天国时曾先后作东王杨秀清府及夏官副丞相赖汉英府，其后复为官署。现存建筑均为清同治以后所构，占地约 1.56 万 m²，东宅西园建筑面积 4260m²，水面 855m²。

瞻园共有大小景点 20 余处，布局典雅精致，有宏伟壮观的明清古建筑群，陡峭峻拔的假山，闻名遐迩的北宋太湖石，清幽素雅的楼榭亭台，勾勒出一幅深院回廊、奇峰叠嶂、小桥流水、四季花香的美丽画卷，犹如南京繁闹都市中的一处世外桃源。全园布局以假山为主，水面为辅，建筑点缀其间。

园内南、北各凿池，北池之北有假山，部分尚为明代遗物。主厅静妙堂，居南池之北，为一面阔 3 间的鸳鸯厅，将全园划分为南、北两大景区。西园景区面积约 5666m²，土阜上杂种花树，二亭点缀其间。堂东置紫藤架，接南北向长廊，有门可通宅第。20 世纪 60 年代此园作了大规模整修，由著名古建筑专家刘敦桢先生主持，重砌南池岸并以步石划分水域，在池南新叠钟乳石洞假山。园东南另辟对外园门，建回廊及小院数区。其北池假山的建筑及东部一区也于近年扩建。瞻园的修建既保留了原有格局的特点，又吸收了苏州古典园林的研究成果，继承发展了我国优秀的造园艺术。瞻园的假山在现有园林堆山艺术中也算佳作，北假山为明代遗构，山上原有一草亭，后改为石屏，既增加了山势，又遮蔽了北墙外的高楼。石矶与水涧处理有江海峡谷意境。南假山则是刘敦桢先生的杰作，山高不过 9m，却有千仞之感，虽是人工，宛若天成。此外，园内理水聚散开合，诸多变化，均合章法，也是精彩的一笔。

图 5.5.2～图 5.5.4 为瞻园部分家具场景。

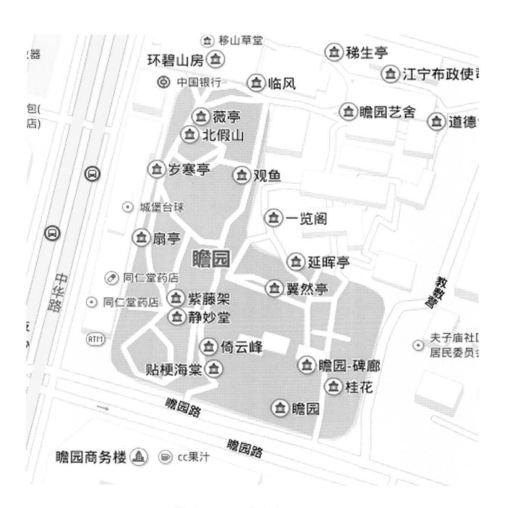

■ 图 5.5.1　南京瞻园平面图

■ 图 5.5.2　客厅

■ 图 5.5.3　书房

■ 图 5.5.4　过道

5.6　无锡梅园家具场景

无锡梅园（图 5.6.1），全名无锡荣氏梅园，以老藤、古梅、新桂、奇石来显示出它的高雅古朴风格，位于江苏省无锡市西郊东山、浒山和横山，面临太湖万顷，背靠龙山九峰，以梅花驰名，是久享盛誉的江南赏梅胜地。梅园始建于 1912 年，著名民族工商业者荣宗敬、荣德生兄弟在东山辟园，利用清末进士徐殿一的小桃园旧址，植梅数千株，经10 余年建设，占地 81 亩。当时所植梅花多为果梅。新中国成立后，梅树的数量和品种均逐渐增多。园中有梅树 4000 多株，盆梅 2000 多盆，品种繁多。

■ 图 5.6.1　梅园平面图（http://map.baidu.com）

注：本节未注图片均由张福昌拍摄。

1. 诵豳堂（图 5.6.2）

诵豳（bīn）堂俗称"楠木厅"，为荣氏梅园的主体建筑，1916 年建成。荣先生取《诗经·豳风》种庄稼艰辛劳作之意用为堂名。现额为书画家吴作人 1979 年书。诵豳堂内陈设物品均为荣家原物，建筑与陈设珠联璧合，匹配有情。它与香海南北呼应，面阔 9 间，中间 3 间为正厅，因用楠木为梁，称楠木厅。中堂高悬"诵豳堂"匾，额下悬挂梅园全景图，为 1979 年周怀民冒暑之作。中堂两侧悬有时乃风书《诗经·豳风·七月》八章。

■ 图 5.6.2 诵豳堂

2. 香海轩（图 5.6.3）

香海轩建于 1914 年。荣德生先生以银 50 两托人觅得康有为手书"香雪海"额。1919 年 8 月，康有为来游梅园，见此系他人伪作，乃挥毫重书"香海"。原匾遗失，现门楣上两字为康有为学生、著名书法家萧娴女士于 1979 年所写。1991 年在南京博物院找到康有为原书手迹，重新制匾，悬于轩内。

■ 图 5.6.3　香海轩

3. 其他（图 5.6.4、图 5.6.5）

■ 图 5.6.4　乐农别墅

■ 图 5.6.5　远香馆

5.7 无锡寄畅园家具场景

寄畅园（图 5.7.1）坐落在江苏省无锡市西郊东侧的惠山东麓，惠山横街的锡惠公园内，毗邻惠山寺。园址原为惠山寺沤寓房等二僧舍，明嘉靖初年（约公元 1527 年前后）曾任南京兵部尚书的秦金（号凤山）得之，辟为园，名"凤谷山庄"。秦

金死后，园子归族侄秦瀚及其子江西布政使秦梁。嘉靖三十九年（1560 年），秦瀚修葺园居，凿池、叠山，仍称"凤谷山庄"。秦梁死后，园子改属秦梁的侄子、都察院右副都御使、湖广巡抚秦燿。万历十九年（1591 年），秦燿因座师张居正被追论而

■ 图 5.7.1　无锡寄畅园平面图（http://map.baidu.com）

注：本节未注图片均由张福昌拍摄。

解职。回无锡后,寄抑郁之情于山水之间,疏浚池塘,改筑园居,构园景 20 处,每景题诗一首。取王羲之《答许椽》诗"取欢仁智乐,寄畅山水阴"句中的"寄畅"两字为园命名。1952 年秦氏后人秦亮工将园子献给国家,无锡市人民政府进行整修保护,逐渐恢复古园风貌。

寄畅园是中国江南著名的古典园林,1988 年 1 月 13 日国务院公布为全国重点文物保护单位。1999—2000 年间,经国家文物局批准,由锡惠名胜区对在太平天国战争期间毁坏的寄畅园东南部进行了修复,先后修复了凌虚阁、先月榭、卧云堂等建筑,恢复了其全盛时期的园林景观,使整个古园气机贯通,充满雅致。图 5.7.2 是其入口处景观。

中华民族传统家具大典·场景卷

■ 图 5.7.2　无锡寄畅园入口

1. 凤谷行窝（图 5.7.3）

凤谷行窝是从惠山寺日月池畔入园的第一个建筑。门前有全国文物保护单位石碑，入室为古朴门厅 3 间，正中悬"凤谷行窝"一额，是朱屺瞻所书。明代正德年间，秦观第 17 代后裔秦金，购置惠山寺建于元代的僧舍，用来修建他的别墅园林。秦金号凤山，而园子又建在惠山的山谷里，因此"凤谷"有包含地名人名两层意思。行窝区别于皇帝的行宫，也表明这座别墅处于草创阶段，以山林野趣为主，把它们连接起来，理解就是，所谓"凤谷行窝"，就是凤山先生建在惠山山谷里富有野趣的别墅园林。

■ 图 5.7.3　凤谷行窝

2. 秉礼堂（图 5.7.4）

秉礼堂是寄畅园中的园中园，面积不足 1 亩，却有整洁精雅的厅堂、碑廊，又有自然得体的水池、花木和太湖石峰，无论从哪个角度看都是一幅美丽的图画，可以尽情享受中国造园艺术的异趣神韵。

图 5.7.4　秉礼堂

3. 含贞斋（图 5.7.5）

含贞斋为寄畅园北部重要建筑，是明代万历年

间秦耀所改筑寄畅园 20 景之一，为主人读书养性之处。

■ 图 5.7.5　含贞斋

4. 嘉树堂（图 5.7.6）

嘉树堂是明代万历年间秦耀改筑寄畅园的北部

主要建筑，为明寄畅园 50 景之一，清乾隆年间改为秦氏双孝祠，园为祠园。

■ 图 5.7.6　嘉树堂

5. 卧云堂（图 5.7.7）

卧云堂始建于明万历二十二至二十七年 （1594—1599）之间，是寄畅园的主体建筑，当时的园主为秦耀。清乾隆时园主曾于此地迎接皇帝大驾。

■ 图 5.7.7 卧云堂

5.8　宜兴东坡书院家具场景

东坡书院（图 5.8.1）又名蜀山书院，俗呼东坡祠堂，坐落在江苏省宜兴市丁蜀镇东北隅的蜀山山麓，现为东坡小学，始建于北宋，至今已有 850 多年的历史。

北宋元丰七年（1084 年）九月，苏东坡至宜兴，对阳羡山水怀有眷恋之情，曾有"买一园，种橘 300 棵，以度晚年"之愿。后人为了纪念他，在东坡讲学处建造东坡书院。

■ 图 5.8.1　东坡书院

注：本节图片由张福昌拍摄。

苏东坡是中国历史上杰出的文学家，他才华横溢，对中国文学艺术的日臻发展有着多方面的贡献，尤其散文，为世人称道，被列为唐宋八大家之一。

东坡书院，屋宇四进。第一进，面阔 7 间。两侧 2 间，保留着清吏部员外郎周家楣书"东坡买田处"、清浙江巡抚伍道榕书"讲堂"、清江宁布政使杨能格书"似蜀堂"旧匾 3 块。第二进是主建筑 7 间，上悬 3 块大匾，均为第一进中 3 块匾的复制品。大厅正面墙上，嵌清代重修书院的碑刻 7 方。第三进前为讲堂，后称似蜀堂，可见蜀山。第四进为 7 间楼房，登楼可见市镇近景和太湖远景。

图 5.8.2 所示为东坡书院中部分家具场景。

教室

客厅

厨房

书房

■ 图 5.8.2 东坡书院中部分家具场景

5.9 东莞可园家具场景

中华民族传统家具大典·场景卷

222

东莞可园（图 5.9.1）位于广东省东莞市城区博厦，为清代广东四大名园之一。前人赞为"可羡人间福地，园夸天上仙宫"。它始建于清朝道光三十年（1850 年），为莞城人张敬修所建，此人以例捐得官，官至广西按察，后被免职回乡，便修建可园，3 年后竣工。可园占地面积 2200m²，外缘呈三角形，园内有一楼、六阁、五亭、六台、五池、三桥、十九厅、十五间房，其名多以"可"字命名，如可楼、可轩、可堂、可洲……其建筑是清一色的水磨青砖结构。最高建筑可楼，高 15.6m，沿楼侧石阶可登顶楼的邀石阁，四面明窗，飞檐展翅，凭窗可眺莞城景色。在 2200m² 的土地上，亭台楼阁，山水桥榭，厅堂轩院，一并俱全。它虽是木石、青砖结构，但建筑十分讲究，窗雕、栏杆、美人靠，甚至地板亦各具风格。它布局高低错落，处处相通，曲折回环，扑朔迷离。基调是空处有景，疏处不虚，小中见大，密而不逼，静中有趣，幽而有芳。加上摆设清新文雅，占水栽花，极富南方特色，是广东园林的珍品。张敬修金石书画、琴棋诗赋样样精通，又广邀文人雅集，使可园成为清代广东的文化发源地之一。

图 5.9.2～图 5.9.6 为可园部分家具场景。

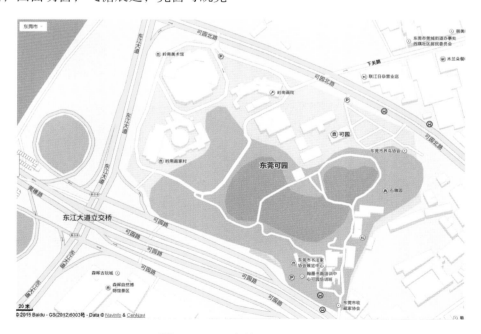

■ 图 5.9.1　东莞可园平面图

注：本节图片由张福昌拍摄。

■ 图 5.9.2 客厅

■ 图 5.9.2（续）

图 5.9.2（续）

■ 图 5.9.3　棋室

■ 图 5.9.4　书房

■ 图 5.9.5　卧室

陶瓷桌凳　　　　　　　　　　　　　　　石头桌凳

■ 图 5.9.6　户外

5.10　河南康百万庄园家具场景

康百万庄园（图 5.10.1）位于河南省巩义市康店镇，距市区 4km，始建于明末清初。由于它背依邙山，面临洛水，因而有"金龟探水"的美称，是全国三大庄园（刘文彩、牟二黑、康百万）之一，比山西乔家大院大 19 倍。所谓"康百万"，是由于当时的庄园主康应魁两次悬挂"良田千顷"的金字招牌，土地商铺遍及山东、陕西、河南三省八县，而被称为"百万富翁"。

康百万庄园始建于明清，上自六世祖康绍敬，下至十八世康庭兰，一直富裕了 12 代、400 多年。历史上曾有康大勇、康道平、康鸿猷等 10 多人被称为"康百万"，其中最具代表性的是清代中期的康应魁。他在前人的基础上，利用清朝朝廷镇压白莲教之机"尽忠发财"，富甲三省，船行六河，土地达 18 万亩，财富无以计数，民间称其"头枕泾阳、西安，脚踏临沂、济南；马跑千里不吃别家草，人行千里尽是康家田"，盛极一时。康百万靠河运发财，靠土地致富，靠"贡献"得官，多次得到皇帝赏赐，最高时官至三品，数次钦加知府衔。明、清时期，康百万、沈万三、阮子兰被中国民间称为三大"活财神"；民国时期"东刘、西张，中间夹个老康"，是中原的三大巨富之一。

■ 图 5.10.1　河南康百万庄园（http://image.baidu.com）

注：本节未注图片均由傅小芳拍摄。

康百万庄园是 17、18 世纪华北黄土高原封建堡垒式建筑的代表。它依"天人合一、师法自然"的传统文化选址，靠山筑窑洞，临街建楼房，濒河设码头，据险垒寨墙，建成了一个各成系统、功能齐全、布局严谨、等级森严的，集农、官、商为一体的大型地主庄园（图 5.10.2）。庄园由 19 部分组成，占地 240 亩，保存下来的主要有寨地主宅区、寨下住宅区、南大院、祠堂区、栈房区、作坊区、龙窝沟、张沟明代楼院、寺沟住宅区、牌坊、康霖三神道碑楼、金谷寨等部分，33 个庭院、53 座楼房、97 间平房、73 孔窑洞，共 571 间，建筑面积 64300m²。它的石雕、木雕、砖雕，华丽典雅，造型优美，寓意深远，被誉为中原建筑艺术的奇葩，加之园林化的构思，成为中原地区民居的典型代表。

庄园主体依山傍水而建，用青砖石条砌成城堡式的寨墙，蜿蜒在邙山半腰，厅堂楼阁错落有致，辉映于洛河之滨。从风水角度看，庄园可视为"金龟探水"的好地方。主寨坐西向东，背靠邙山，面对洛河；寨高 9m，周长 500m，异常坚固；寨门向东，两扇黑漆大门森然而立；进门有一条 20m 长的斜坡，直通寨上。寨上广场之北，5 个宅院一字排开，大门向南，自东往西分别为老院、边院、中院、里院、新院。这些院落都是两进四合院，前有临街房，二门内是两厢房、大房，后面是砖砌窑洞。这 5 个院落都有高大的门楼，皆为木制透雕垂花，门框、门扇漆黑明亮，门前台阶两边各有一对石狮。临街房檐下悬挂着匾额。院内有假山、葡萄架、花厅、花坛、盆景以及各种雕塑等。每一对柱础，每一对门墩，都是雕刻的艺术品，雕刻着许多花卉图案和历史人物故事；每个门框上都镌刻有楹联和匾额；窑洞门用砖砌成，雕以花饰。室内装饰极尽奢华，现陈列有庄园主人当年用过的装饰物品和生活用具，如雕花神橱、满汉全席用具以及古玩字画、绫罗绸缎、四季衣服等。值得一提的是一张楠木顶子床，耗工 1700 多个，从上到下，从里到外，采用各种雕刻手法，有"麒麟送子"、"双狮舞绳"等 36 幅图案，共 8 部分组成，可拆卸搬运而未见一钉，是顶子床中的精品。更为重要的是，悬挂于老院过厅的"留余"匾为中国名匾之一，是康家教育子孙的家训匾，这些已成为极有价值的文物。"留

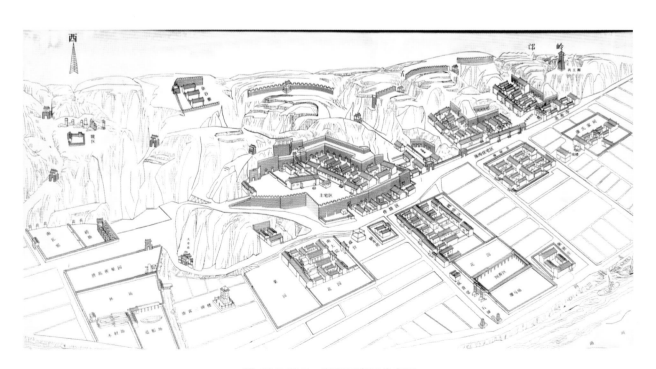

■ 图 5.10.2　康百万庄园分布图

余"匾长 1.65m，宽 0.75m，造型犹如一面迎风招展的黄色旗帜，金底黑字。全匾共计 174 个字，除标题"留余"二字为篆书外，其余为字体流畅的行楷。该匾是同治年间进士牛瑄所题，做于 1871 年，已有 100 余年历史，是吸引众多游客的关键所在。"一进康百万，先看留余匾"，它与其他展品成为庄园特色之处，魅力所在。这块木匾保存比较完整，对研究我国封建社会处世哲学具有一定的参考价值。

除了主宅五院之外，寨上南边尚有一处宅院，是康家存放日用器物的大杂院。在原康店镇三中（现已移于别处）院内，有方五丈正厅楼房一座、两侧厢房及一处书馆院，和主宅一样，每座建筑物上都有精美的雕刻。作坊区在寨外两侧，是勤杂人员及石工、木工居住的地方；这里还有粉坊和大伙房等。楼房区和饲养区建在寨下大路东面，栈房区共 5 个院，房 102 间，饲养院有马厩和遛马场。

庄园西南有金谷寨，原名五圣顶，建于清同治七年（1868 年），四周深沟巨壑，易守难收，是康家为了抵御捻军而修建的。康家祠堂在庄园东面，有房屋 9 座 35 间，砖雕牌坊一座。值得一提的是庄园内的砖石雕刻建筑构件，主要用于柱础、门墩、石坊、门狮、碑楼、匾额等。构件雕刻技法娴熟，图案多样，梅兰竹菊、福禄祯祥、明暗八仙、历史故事等应有尽有，代表了民间雕刻的最高水平。据说，这些雕刻大都出于一人之手。清咸丰年间，偃师县牛心山有个青年石匠叫车清元，来康家做石工，

一干就是几十年。他为康家雕刻了一件件艺术品，但到了老年，仍是光棍一条。康家后代怕车清元提出什么要求，竟将他诬陷入狱。车清元含恨屈死于狱中，他留下的雕刻作品，有的用在建筑物上，有的还未来得及使用。这个显赫一时的百万家族，在他们不肖子孙的挥霍下，每况愈下。而车清元一生血汗的结晶，像朵朵永不凋谢的鲜花，在庄园里散发着芳香，成为一件件珍贵文物。

另外，在庄园周围还有碑楼、牌坊各一座。在新院西北角的一孔窑洞里，还镶嵌着 16 块书体各异的碑版。碑文主要记载了清咸丰十一年（1861 年）至同治元年（1862 年），庄园组织地方武装与捻军对抗的经过。当时，捻军几次进入巩县（现桐乡市），锋芒直指康百万庄园。康应魁长子康道平及孙子康无逸组织民工，摊派钱粮，在五圣顶修建了金谷寨。康家人躲进金谷寨，组织了一支地方武装与捻军对抗。捻军撤退之后，康家便请来各地书法家，用真、草、隶、篆各种书体写了 16 幅诗赋，为自家歌功颂德。单从书法角度来看，这些碑文书体遒劲挺拔，潇洒隽逸，流畅明快，风格各异，实为中原地区书法之荟萃。

康百万庄园为我们提供了研究封建社会地主阶级的发家史料，也给我们提供了古代建筑的实物资料，它的砖雕、木雕、石雕艺术备受各界朋友青睐，保存下来的家具也让我们感受到河南家具的历史韵味。

1. 迎客厅（图5.10.3）

迎客厅是接待各方商贾及各地康家栈房大小相　　公（康家管理账目的人被称为"相公"）的地方。

■ 图5.10.3　迎客厅

2. 钱庄（图 5.10.4）

钱庄是各地栈房及巨商大贾出账、进账、汇总、　结算及预支、预付重大款项的地方。

■ 图 5.10.4　钱庄

3. 货样室（图 5.10.5）

"奇货可居"，各地特产及货样是商品流通的主　要依据，总栈房非常注重互相调剂。

■ 图 5.10.5　货样室

4. 贵宾室（图 5.10.6）

贵宾室是接待重要商贾之处，是贵宾安歇及密　　谈的地方。

■ 图 5.10.6　贵宾室

5. 庶务室（图 5.10.7）

庶务室是总栈房内部机构之一，负责栈房营建维修工程、大小相公薪酬、小相公的选拔培养及日常生活安排等。

■ 图 5.10.7　庶务室

6. 辨银室（图 5.10.8）

在这里，老相公向大相公及小相公传授当时货物流通的重要媒介——银的辨别。

7. 账房（图 5.10.9）

账房保存着康家各地栈房的账务，负责康店总栈房账目的操作，各地账目管理、制度制订等。

■ 图 5.10.8　辨银室

■ 图 5.10.9　账房

8. 相公述职室（图 5.10.10）

康百万定时或不定时召集在各地栈房的相公们　回来述职、分析商业形式、提供相关决策思路。

■ 图 5.10.10　相公述职室

9. 芝兰室（图 5.10.11）

芝兰室是康百万梳理商务、捕捉商机、策划商　策、深悟商理的起居处、决策处。

■ 图 5.10.11　芝兰室

10. 金银库（图 5.10.12）

金银库中保存着康家的金银珠宝和进出数量的账目。

11. 议事室（图 5.10.13）

这里是康百万临时接待有关人员座谈小议的地方，也是来客临时休息的地方。

■ 图 5.10.12　金银库

■ 图 5.10.13　议事室

12. 过厅（图 5.10.14）

一院过厅为三阔间，前檐两柱明廊，雄伟高大，气势恢弘，室内陈列着贵重家具、古玩字画。此厅红灯高挂、红毡铺地，富丽堂皇，是康百万家族接待宾客的地方。厅内还有久负盛名的康家家训"留余"匾，此匾是用黄杨木做成的洒金匾。

■ 图 5.10.14　过厅

13. 中年居（图 5.10.15）

中年居里生活气息比较浓厚，摆设也相对简朴。康家居室注重摆设，尤其人到中年，更重明窗净几。

室内古玩字画应有尽有，暖帐低垂，翠袖焚香，画眉课子，充满生活情趣，正面中堂画为"关公夜读春秋"。

■ 图 5.10.15　中年居

14. 新婚室（图 5.10.16）

康家娶亲，讲究排场，洞房布置温馨华贵，迎亲队伍绵延数里，用三班鼓乐、六乘彩轿，彩旗飘扬。待客数百家、上万桌，热闹非常，惊动乡里。这里展出了富有生活情趣的新婚场面，中堂的画是"婚姻神"和合二仙，象征婚姻和谐美满、夫妻百年好合。两边对联"眉柳绿描京兆笔，额眉红点寿阳妆"，取张京兆用墨绿来描绘妻子的柳叶眉，寿阳公主将红梅花装点在自己的额头上之意，寓意夫妻和睦、家庭幸福。

左边有几个非常有趣的"喜"字，写法各不相同。长"喜"表示常常欢喜，圆"喜"表示圆圆满满，双"喜"表示双喜临门。虽然写法不同，但都表达了吉祥和美好的愿望。这里还设置了一个隔断，隔断里面是新娘子从娘家陪嫁来的丫鬟所住。

■ 图 5.10.16　新婚室

15. 老年居（上房）（图 5.10.17）

上房为长辈所居，室内摆设古朴典雅。民国初年，康无晏之妻肖氏居住于此，寿满百岁，五世同堂，膝下承欢，颐养天年。寿诞时，亲朋厚友齐集一堂，共祝寿诞。

中堂画是"松鹤延年"图，这是康家第16代庄园主康无晏的夫人肖老太太过百岁大寿时收到的寿礼。古时曾说"人到七十古来稀"，肖老太太活了105岁，德高望重，无怪乎别人要把她当作仙人来敬重了。两侧对联为"海日蟠桃开寿城，天风奇马飞蓬莱。"意为东海蟠桃广开长寿之域，天风奇马飞向仙山蓬莱。祝愿父母像王母娘娘和天上的仙人那样万寿无疆。右侧还悬挂有康家子侄为肖老太太写的祝寿文。

此居室还有目前康家保存下来最精美的、在国内也是屈指可数的雕花顶子床。此床用金丝楠木雕刻，由10个能工巧匠，耗工1700多个工时，花了近5年时间才做成。

■ 图 5.10.17　老年居

16. 窑楼（图 5.10.18）

依山打窑洞，临街建楼房，加以院落园林化，乃黄土高原居民的主要形式。康家窑楼是窑洞文化的典型，有两层棚板，上下 3 层，高大宽敞，为窑洞之最。

17. 上房窑（图 5.10.19）

窑洞冬暖夏凉，是老龄妇女与年幼的子女或孙子、孙女们在严冬酷暑季节共享自然赐予和天伦之乐的地方。

■ 图 5.10.18　窑楼

■ 图 5.10.19　上房窑

18. 儿童居（图 5.10.20）

培养后代是康家赖以维持万贯家产、世代不衰的重要手段。康家尤其重视启蒙教育，单设儿童居，请名师任教，使其子女早日成才。在儿童居里，有一幅"魁星点斗"图很是醒目，居室内不仅有书桌，还有琴台，琴棋书画需样样精通，表露了其"望子成龙"的心愿。

19. 小姐闺房（图 5.10.21）

小姐们的闺房，布置清新雅致，还有绣架。古代社会精于女工是封建社会女子贤淑的重要标准。闺房有两个门，宽敞的门是供主人进出的，狭窄的门是丫鬟专用的，由此可以看出封建社会等级制度是体现在方方面面的。

■ 图 5.10.20　儿童居

■ 图 5.10.21　小姐闺房

20. 东花厅（图 5.10.22）

过去，传统礼制观念非常强烈，即使同一个家庭在接待内客上也十分讲究，该室系男方亲家（岳母等）的接待室。

21. 文职居室（图 5.10.23）

"传家有道还是读书"，康百万十分重视传统文化教育，许多子孙通过科举考试和捐纳等官方允许的形式，取得教谕、知府、主事衔等文职官员之职。

■ 图 5.10.22　东花厅

■ 图 5.10.23　文职居室

22. 武职居室（图 5.10.24）

庄园地处战略要地，为了保护自己的利益，也为了"尽忠求官"，康百万家也培养了一些武职子孙，通过科举考试和官方举荐，出现武秀才和被皇帝封为昭武都尉的四品武职。

■ 图 5.10.24　武职居室

23. 西席室（图5.10.25）

西席室位于寨上主宅区的第五个院子。过去教私塾的老师被荣称为"西席"，也可以说是"医诊室"或"私塾室"。西席不仅教主家幼小的子孙念书写字，还得具备品脉看病的本领和当司仪的水平，有的还具有"礼宾师"的才能，既教书，又看病，还主持红、白大事。当时康百万非常重视子孙后代的教育，所请私塾老师都是远近闻名、品德高、学问深的秀才、举人。比如偃师的赵凤鸣、鲁庄的孙涵三等，他们都为康百万培养了一代又一代有文化、有能力、有成就的继承者。

■ 图 5.10.25　西席室

24. 相公窑（图 5.10.26）

相公窑也称"管家窑"。最鼎盛时期，康家在各地设栈房，吸引了大量的优秀管理人员，并经过考验、磨砺，分别设置有老相公、大相公、相公、小相公。据传，康家在鼎盛时有四老相公、八大相公、三十二相公和无数的小相公组织管理，由上到下形成一个金字塔式的管理机构。栈房不仅管做生意、作仓库，还兼管当地购置土地的出租及买卖，这样层层负责，互相竞赛，栈栈开花，使康百万的财富如众泉汇流，滚滚而来。

25. 康家茅厕（图 5.10.27）

康家的茅厕也与众不同，在茅厕的门楣上面有4 个醒目的大字"三上成文"。这个"三上"指的就是枕上、马上、厕上，它出自大文豪欧阳修的典故。北宋文学家欧阳修有非常著名的"三上成文"的传说，于是康家采用欧阳修的做法在厕所里边布置了一个书房的场景，用古人的"寸金难买寸光阴"的谚语鞭策自己，教育子孙读书、求学问，积极利用在枕上、马上、厕上略微闲暇的时间打腹稿、写文章。

■ 图 5.10.26　相公窑

■ 图 5.10.27　康家茅厕

26. 吸毒、赌博展室（图 5.10.28）

在康百万庄园里还可以看到康家的另外一面，在吸毒、赌博展室展示了特定历史阶段的特定内容。康百万家族历经数百年的积累，由繁荣终至衰败，其原因除了社会因素外，与其家族内部子弟的日渐堕落也是不无关系的。在后代子孙中，不免一些纨绔子弟肆意挥霍，坐吃山空，终于使这一显赫家族日渐败落。

■ 图 5.10.28　吸毒、赌博室

27. 纺织工艺展室（图 5.10.29）

7 世纪，种棉技术由印度传入中国，逐渐发展，至明、清，棉花已成为中原人民制造服饰的主要原料之一。康百万又以棉花为资源发财。本室内的旧纺织工艺是历史的回顾。

28. 农具展室（图 5.10.30）

■ 图 5.10.29　纺织工艺展室

■ 图 5.10.30　农具展室

29. 积德行善展室（图 5.10.31）

康家行医济贫，修桥便行，帮助邻里办红白事，被当地传为佳话。

30. 义赒①仁里展室（图 5.10.32）

"义中求财，财归于义"是康百万的深谋远虑。康家多次捐资修河、赈灾、建学校、修祠堂等，营造了良好的经商环境。

■ 图 5.10.31　积德行善展室

■ 图 5.10.32　义赒仁里展室

① 音 zhōu，接济、救济之意。

31. 迎接光绪、慈禧回銮（图5.10.33）

康百万有一段辉煌的历史被人们津津乐道：1900年，八国联军攻入北京，慈禧太后带着光绪皇帝仓皇逃往西安。在第二年也就是1901年，慈禧太后和光绪皇帝从西安经河南回銮北京的时候，路过巩县。由于当时河南连年遭灾，财政亏空，巡抚寿松又要求沿途丰厚接待，当地的知府无力接待，于是集10个县的知县在康家南大院召开了十县府会议，商议接待资金，作为康家17代庄园主的康建德当仁不让，独资接待了迎驾工程。由于他们不知道慈禧太后和光绪皇帝是走水路还是旱路，因此做了两手准备，一是在东黑石关修建了一座行宫，并在洛河上架设起了一座浮桥，铺了御道。另外，又在巩县的洛河边上建造了5艘龙船，为了停泊这5艘大船，又特意在南窑湾村北洛水东岸建船坞5座，俗称龙窑。

行宫布置得非常豪华。据说慈禧当时在这座行宫里住了一个晚上，在第二天临走之前，庄园主康建德通过李莲英向慈禧进献了100万两白银及价值连城的"一桶江山"，慈禧非常高兴，赞道"不知此地还有百万富翁！"如果说此前的"康百万"只是绰号而在民间广为流传的话，此后"康百万"就成为皇封借慈禧的金口而名扬天下了。现在的展室内有保存下来的龙榻、五龙屏风等珍贵文物。

慈禧行宫

慈禧下榻处　　　　　　　　　　　光绪皇帝下榻处

■ 图5.10.33　迎接光绪、慈禧回銮

接驾室

康正房会客处

■ 图 5.10.33（续）

5.11　河南安阳市马家大院家具场景

马家大院（图5.11.1）因主人马丕瑶而命名，位于河南省安阳县蒋村。马氏，字玉山，清末安阳人，生于道光十一年（1831年）正月初四。马丕瑶咸丰八年（1858年）考中举人；同治元年（1862年）登进士；同治五年（1866年）初夏任山西平陆县知县；同治七年（1868年）改任永济知县。马丕

瑶曾任山西辽州（今左权县）知州，广西布政使，广西巡抚，广东巡抚。其病逝后，光绪皇帝十分悲痛，亲撰祭文，称他"鞠躬尽瘁"、"性行纯良"、"名垂信史"，同时诰封他为"光禄大夫"（文臣最高称谓）和"威武将军"（武职最高称谓）。

图5.11.2和图5.11.3为马家大院部分家具场景。

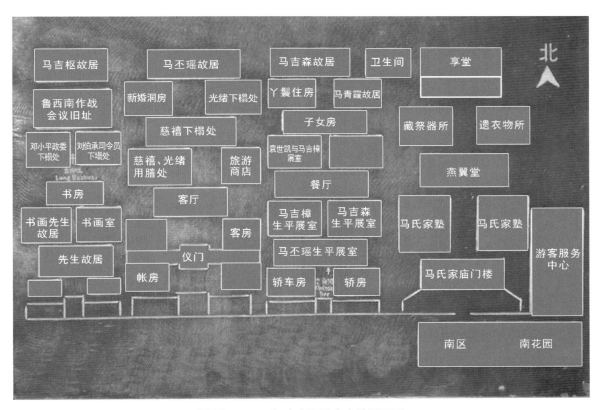

■ 图5.11.1　河南安阳马家大院平面图

注：本节图片由张福昌拍摄。

■ 图 5.11.2　卧室

■ 图 5.11.3　客厅

5.12 陕西米脂姜氏庄园家具场景

姜氏庄园（图 5.12.1）位于陕西省米脂县城东南 16km 桥河岔乡，建于清朝同治年间，由该村首富姜耀祖请北京专家设计，招聚县内能工巧匠兴建而成，前后用时 13 年。姜氏庄园设计巧妙，施工精细，布局紧凑，由上而下，浑然一体，是陕北罕见的庄园建筑。庄园占地 40 余亩，主体建筑为陕西地区最高等级的"明五暗四六厢窑"式窑洞院落。庄园三院暗道相通，四周寨墙高耸，对内相互通联，对外严于防患，是全国最大的城堡式窑洞庄园，也是汉民族建筑的瑰宝之一。

整个庄园由山脚至山顶分为 3 层：

第一层是下院，前以块石垒砌高达 9.5m 的寨墙，上部筑女墙，犹若城垣。

沿第一层西南侧道路穿洞门达二层，即中院。院西南耸立有高约 8m、长约 10m 的寨墙，将庄园围住，并留有通后山的门洞，正中建门楼。

沿石级踏步到第三层上院，是全建筑的主宅，坐东北向西南，正面一线 5 孔石窑，两侧分置对称双院，东西两端分设拱形小门洞，西去厕所，东侧下书院。整个庄院后设寨城一道，中有寨门可通后山。

庄园布局可分为院前、中院、院内、下院 4 层，每层都有独特的设计及特色。

图 5.12.2 所示为姜氏庄园部分家具场景。

■ 图 5.12.1 姜氏庄园

注：本节图片由张福昌拍摄。

门头木器

石制家具

■ 图 5.12.2　姜氏庄园部分家具场景

卧室

厨房

■ 图 5.12.2（续）

5.13 成都大邑刘氏庄园家具场景

刘氏庄园（图 5.13.1）位于四川省成都市大邑县，建于 1958 年 10 月，由刘氏家族祖居和刘文彩兄弟陆续修建的 5 所公馆构成，占地面积 7 万 m^2，建筑面积 2.1 万 m^2。如今，规模恢弘、保存完整的刘氏庄园公馆建筑群，既是近代四川公馆民居建筑形式和风貌的典型，同时因其在传承中国传统民居建筑风格的基础上又融合了西方建筑文化特色，成为中西合璧的经典之作，为中国近现代社会的重要史迹和代表性建筑之一。该馆藏品丰富，建筑奢豪，造型多样，各种艺术装饰多达数百种。庄园内部分为大厅、客厅、接待室、账房、雇工院、收租院、粮仓、秘密金库、鸦片烟库（原被误认为是"水牢"）、佛堂、望月台、逍遥宫、花园、果园等部分。

存有大量实物，是研究中国封建地主经济的一处典型场所。

老公馆的展览内容以复原陈列当年刘文彩及其家人的生活现场为主，并展出饮誉中外的大型泥塑——收租院。现开放的展厅展室有：大厅（管事住房、中式客厅、西式客厅、账房）、内花园（桂香厅、夏季吸烟室）、刘元富住房、刘家书房、内院（小姐住房、杨仲华住房、祖堂、刘文彩住房、刘元龙住房、寿堂、凌君如住房）、龙泉井、佛堂（女客室、佛堂、王玉清住房）、风水墩、鸦片烟库、粮仓、后花园、大型泥塑《收租院》及其创作纪实辅助展览、雇工院（棺材室、雇工住房、泥塑《雇工院》）、小姐楼。

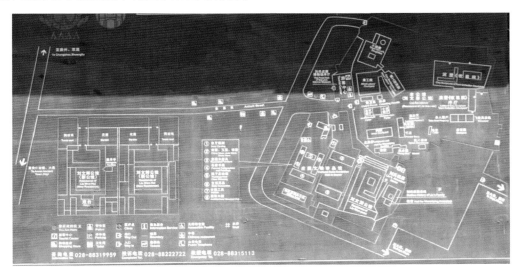

■ 图 5.13.1 刘氏庄园全景图

注：本节图片由张小开拍摄。

1. 大厅（图 5.13.2）

走进老公馆，通过一道黑漆大门，迎面看到的是一个长方形天井，这就是整个老公馆的门户——大厅。依客人身份和地位，分设中、西式客厅于大厅西侧左右两室分别接待。有一副对联悬挂于大厅，上联为"大展经纶，由商而政而军扶摇直上"，下联为"全膺福禄，既富且贵且寿曧铄永康"，是对庄园主人才干和权势的恭维，耐人寻味。在大厅东侧，设有账房和庄园管家住房。账房是刘文彩总管家管理庄园账务、财物的场所。大厅南端一对镂刻精美的红砂雅石花缸，原是叙府（今宜宾）公园的公物，刘文彩于 1932 年离开宜宾时将其运回大邑，安放在公馆大厅内。

2. 内花园（图 5.13.3）

公馆内花园树木茂盛，鸟语花香，尤其这 3 棵金桂、银桂，每年 8 月，芳香满园，为公馆一绝。这里设有夏季吸烟室，每到夏季，这里比较凉爽，刘文彩常到此处休息并吸食鸦片。内花园里设桂香厅，是刘文彩及其家人休闲玩乐的场所。

中式会客厅

西式会客厅

■ 图 5.13.2 大厅

■ 图 5.13.3 内花园

3. 内院（图5.13.4）

刘文彩公馆内院于1932年落成使用，是老公馆最早建造的一个主体四合院。这里是刘文彩一家饮食起居及供奉祖先的祖堂和祝寿的寿堂所在，常人不得入内。院内四周挂满金碧辉煌的匾额和对联，室内安放着各式各样描金嵌玉的家具和当时高质量的生活用品，存放着大量的金银珠宝和古玩字画。庄园的女主人杨仲华是大邑三岔乡人。在刘家早年未发迹时，刘文彩结发妻子吕氏因病身亡，杨仲华作为填房太太，为刘文彩生育四儿三女。4个儿子分别以"龙"、"华"、"富"、"贵"命名。三姨太凌君如，四川宜宾人，未生育。四姨太梁惠灵，四川宜宾人，未生育。庄园主刘文彩卧室内这张金龙抱柱大花床，面积达9m²，形制独特且做工精良，表现了较高的工艺水平。

内院房屋的建筑规制和布局，则反映了封建地主内庭的父严子孝、男尊女卑的等级关系和纲常伦理。因而，堂屋供奉祖先，老爷居住正房，妻妾居于一侧，厢房安排子女，紧邻内院的群房群厢则用于贴身佣人居住或作他途，从而充分体现了近代地主阶级的生活方式和道德规范。

小姐房

祖堂

■ 图5.13.4　内院

冬季吸烟室

刘元龙住房

寿堂

■ 图 5.13.4（续）

刘文彩寝室

刘文彩三姨太卧室

卧室（使用者不详）

■ 图 5.13.4（续）

刘文彩五姨太房

女客房

■ 图 5.13.4（续）

4. 佛堂（图 5.13.5）

刘文彩晚年笃信佛教，在这个小院的正堂特设一处佛堂，每日到此诵经念佛。佛堂北侧是女客室，南侧曾是刘文彩最小的姨太太王玉清的住房。王玉清 1911 年出生于大邑县蔡场乡，26 岁时与年过 50 岁的刘文彩结婚，1980 年摘掉地主帽子后居住在安仁镇，2003 年病逝。

■ 图 5.13.5　佛堂

5.14 广州陈氏书院家具场景

陈氏书院（图 5.14.1）位于广东省广州市中山七路，是全国重点文物保护单位。光绪十二年（1894年）建成，是当时广东省 72 县陈姓人合资兴建的合族祠堂，为本族各地读书人来广州参加科举考试时提供住处。

陈氏书院为三进式庭院，由九堂六院大小 19 座建筑组成，是广东现存规模最大、保存最完整、装饰最精美的古代艺术建筑，现为广东民间工艺博物馆。陈氏书院的建筑装饰集中体现了广东民间装饰艺术的精华，巧妙地采用了木雕、砖雕、陶塑、铜铁铸等工艺进行装饰，建筑中的各种雕刻装饰，主要由建筑商到省内各地组织聘请大批能工巧匠集中到广州制作。

图 5.14.2 所示为陈氏书院内部分家具场景。

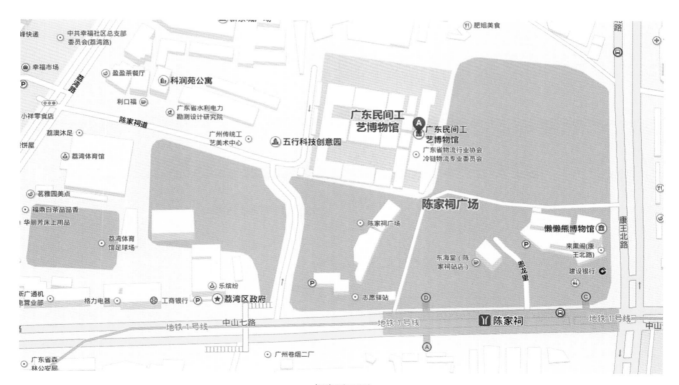

书院平面图

■ 图 5.14.1 陈氏书院

注：本节图片由张福昌拍摄。

书院入口

书院大门

■ 图 5.14.1（续）

■ 图 5.14.2　陈氏书院内部分家具场景

图 5.14.2（续）

■ 图 5.14.2（续）

■ 图 5.14.2（续）

■ 图 5.14.2（续）

■ 图 5.14.2（续）

5.15　苏州启园家具场景

启园（图 5.15.1）位于江苏省苏州市东山镇翁巷村北面，与太湖相邻，又称席家花园，因园主席启荪而得名，始建于公元 1911 年，是苏州所有园林中唯一一座依山而筑、傍水而建的园林。启园由庭院、花园和柳毅小院 3 部分组成。其中柳毅井、康熙手植杨梅树和御码头为启园"三宝"。整个花园中，四面厅、复廊、转湖、假山、新楼构图均衡呼应，十分和谐。尤其是园内的"御码头"，嵌入碧波荡漾的太湖之中，极具诗意。

图 5.15.2 所示为启园内部分家具场景。

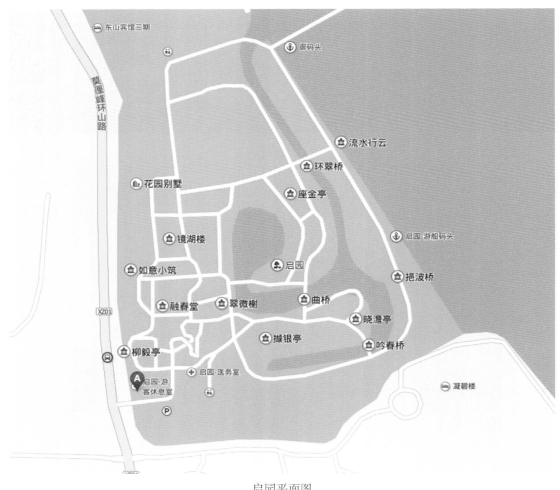

启园平面图

■ 图 5.15.1　苏州启园

启园御码头

■ 图 5.15.1（续）

■ 图 5.15.2　启园内部分家具场景

图 5.15.2（续）

5.16　扬州瘦西湖家具场景

　　瘦西湖（图 5.16.1）位于江苏省扬州市城西北郊，现有游览区面积 100hm² 左右，1988 年被国务院列为"具有重要历史文化遗产和扬州园林特色的国家重点名胜区"，2010 年被授予中国旅游界含金量最高荣誉——全国 AAAAA 级景区，成为扬州首个国家 5A 级旅游景区，2014 年被列为世界遗产（是我国第 46 个世界遗产的京杭大运河的重要组成部分）。

　　历代文人墨客中很多人都在此留下名篇，如清代文人沈复著有《浮生六记》卷六，汪沆著有《瘦西湖》等，体现了瘦西湖情调的高雅。瘦西湖景区现有"长堤春柳"、"白塔晴云"、"虹桥览胜"、"荷蒲熏风"、"四桥烟雨"、"蜀冈晚照"、"花屿双泉"、"香海慈云"、"梅岭春深"、"水云胜概"等景点。在瘦西湖 L 形狭长河道的顶点风亭上，是眺景最佳处，由历代挖湖后的泥堆积成岭，登高极目，全湖景色尽收眼底。文人雅士看中此地，构堂叠石代有增添，至清代成为瘦西湖最引人处，有"湖上蓬莱"之称。图 5.16.2 是瘦西湖平面图。

　　图 5.16.3 所示为瘦西湖中部分家具场景。

■ 图 5.16.1　扬州瘦西湖入口

注：本节图片由傅小芳拍摄。

■ 图 5.16.2　扬州瘦西湖平面图

■ 图 5.16.3　扬州瘦西湖部分家具场景

■ 图 5.16.3（续）

致谢：

本章部分文字和图片来源于百度百科等网络资料，在此表示感谢！

6

名人故居家具场景

中国数千年的文明史,留下来的名人数以万计,在本章中单独把名人家具列举出来。名人家具场景更多体现的是个人对家具造型要素、室内布局设计等方面的要求和意志,是民间家具场景的集中体现。由于名人地域分布、社会阶层、职业特点等各方面都存在巨大的差异,本章中展现的家具更是丰富多彩,特色各异,能代表中国最广泛的家具场景。近30个不同的名人故居场景中,在家具的种类、造型、材料、功能、文化内涵等方面都有不同的表现。

6.1　扬州八怪纪念馆家具场景

扬州八怪纪念馆位于江苏省扬州市，金农故居西方寺内，占地 4452m²。东西廊房及珍品陈列厅陈列有"八怪"书画及扬州书画家代表作，另辟金农寄居室复原陈列，展现"八怪"书画创作生活的历史氛围。扬州八怪是清代活跃在扬州画坛上的一批具有创新精神的画家，以其立意新、构图新、技法新的艺术作品开创了一代新画风，为中国书画艺术发展立下了不朽的功业。

金农（1687—1763 年）出生于杭州，30 岁后往来于扬州和杭州，结交了扬州八怪之一的汪士慎，深切感受到这里的艺术氛围，决意终老扬州。他欣赏前人"同能不如独诣，众毁不如独赏"之言，不愿步人后尘，是"八怪"中才学最高者。《兰竹图》中的"一花与一枝，无媚有清苦"之句，奠定了一生画作的基调。70 岁时，家中无亲人了，始寄居于"无佛又无僧，空堂一点灯"的扬州西方寺方丈室。穷困潦倒之时，扎灯笼画灯笼去 200 步外的四望亭卖。"积岁清斋，日日以菜羹作供，其中滋味，亦觉不薄。""夜深牛粪火，笑拨自温存。"生存状态，由此可见。在罗聘所作《蕉荫午睡图》上，他写道："先生瞌睡，睡着何妨。长安卿相，不来此乡。"生活虽窘迫，创作如泉涌。今天，金农寄居室是扬州八怪纪念馆的馆中之馆，具有当地传统民居特色。

前进三间是念佛堂。"且与少年饮美酒，更窥上古开奇书。"这是抱柱楹联，也是他的诗句、他的字体。念佛堂中间竖着两人高的佛龛。"写经满百卷，画佛亦千尊。"这是佛龛楹联。"万德庄严"为横批。写经画佛，乐事也。佛龛正中是金农想象中的佛像，头发多，与一般佛像迥异。两边和头顶上的题字密密麻麻，计 840 多个，近了才看得清。稍远，有字部分宛如粗糙的石面，无字地方是个窟窿，心中的佛从里面走出来。佛像透露出金石之气，仿佛刻出来的。题字是《设色佛像题记释文》，实为"佛像画史"。所有佛像"唯于著录中想慕而已，余年逾七十，世间一切妄想，种种不生。"佛龛背面是一个大大的"佛"字。朝西墙壁上有金农与弟子罗聘画的同题《达摩坐禅》图，异曲同工。师者，以意为画，文以布之；徒者，形神兼备，古逸雅致。还有金农的《小沙弥香林扫塔》图，其上题道："佛门以洒扫为第一执事。自沙弥至老秃无不早起勤作也。香林有塔扫而洗，洗而又扫。舍利放大光明不在塔中，而在手中矣。"朝东墙壁一挂画题为《於无忧林中》，总感到画中之人有忧。另一挂画是《蕉石图》：三块石夹着两株芭蕉，旁附几株小草，构成高低错落、疏散有致的画面，溢出超脱的意趣。

前进之后是庭院。院内西侧昔有芭蕉、山石、

注：本节图片由傅小芳拍摄。

今天也有，是后人补栽种植的。蕉叶拂拭的墙上有诗云："绿得僧窗梦不成，芭蕉偏旁短墙生。秋来叶上无情雨，白了人头是此声。"是为立体《蕉石图》——金农感慨系之题诗并据此作纸版《蕉石图》。图诗合为一体，透露出动人心魄的清苦之意。

后进上首是金农卧室，踏板上有脚炉。浙式大床上有一芭蕉扇。墙上一挂画为深水池塘，边上有枯树，水中有芦苇一丛。虽为卧室，亦野茫茫也。中为客堂。自画像正对着门：手拿高过人头的长杆在揽舟——他要撑出苦海，而鞋是红的——踏破或看破红尘了。画中说："余用水墨白描法自为历三朝（康雍乾）老民七十三岁像"，"远寄乡之旧友"，"吾衰容尚不失山林气象也"。画侧是金农送给汪士慎的对联："恶衣恶食诗更好，非佛非仙人出奇。"

汪晚年双目失明，然佳诗迭出。汪自云："衰龄忽而丧明，然无所痛惜，从此不复见碌碌常人，觉可喜也。"这一副对联也道出金农自己的况味。这是金农独创的楷隶结合的"漆书"——后人之谓，字如漆刷子刷出来的。也有人说他笔用秃了，买不起新的，使然。笔画粗细悬殊，构成体势极不稳定，有雄奇恣肆的气概。墙壁上有《钟馗捉鬼图》，还有《玉壶春色图》：正面表现梅树一截枝干，上不见梢，下不见根，显示无限高远。旁附梅枝，花正开。下首是金农画室。面窗一幅画是扬州八怪的祖师石涛和尚送给金农的：观音在荷叶上打坐——真正的一尘不染。

图6.1.1～图6.1.4所示为扬州八怪纪念馆中部分家具场景。

■ 图6.1.1 金农画室

中华民族传统家具大典·场景卷

■ 图 6.1.2　金农大厅

■ 图 6.1.3　金农卧室

■ 图 6.1.4　扬州八怪现代家具展示

■ 图 6.1.4（续）

■ 图 6.1.4（续）

6.2 南京甘熙故居家具场景

甘熙故居位于江苏省南京市南捕厅巷 15、17、19 号，是一处六组五进穿堂式古建筑群，称为"友恭堂"，当地人俗称"九十九间半"。该宅建于清雍正初年，占地面积 1.4 万 m²，现存 1.2 万 m²，与明孝陵、明城墙并称为南京市明清三大景观，具有极高的历史、科学和旅游价值，是南京现有面积最大、保存最完整的私人民宅，也是我国各大城市中至今保存最大、最完整的建筑群。

甘熙（1797—1852 年），晚清南京著名文人、藏书家，精于风水术，故其宅在布局、朝向、功能、装饰等方面都具有独特的风格。甘熙精研金石地学，擅长风水勘舆、星相之术。其故居朝向上坐南朝北，一是因甘氏家族从小丹阳来宁以经商发家，而《论衡·诘术》中的"图宅术"：商家门不宜南向，因商为金，南方为火，火克金为凶，而北方为水，金生水相生相吉，可见甘氏住宅朝向上的"悖异"原来是根据风水理论决定的。另外《百家姓》中甘姓后注"渤海"，甘氏源出于此。甘氏南迁后，家中悬"于湖世泽，渤海家声"对联，建筑上坐南朝北，以感念先祖，不忘祖宗。故居内大小天井多达 35 个，据说有水井、窨井 32 个，目前发现的 10 多个水井，有的在天井中、有的在房间里、有的在檐口下、有的在门槛边，很好地解决了房屋的通风、采光以及上下水等问题，屋面檐口下的水槽让雨水从暗沟流向院内天井，起到"四水归明堂，肥水不外流"的作用。

故居的布局严谨对称、主次分明、中高边低、前低后高、循序渐进，步步推向高潮。每落位于主轴线上的明间较两侧的开间略大，而整个住宅的入口位于正落中间。正落沿纵深轴线布置的各种用房按顺序排列是：一进门厅，二进轿厅，三进正厅，四、五进为内厅等。正落是封建大家庭中长辈和统治整个家族的人物居住与生活用房，正落中轴线贯通，左右边落的处理有较大的差异。相对正落而言，边落没有直接对外的主要街道入口，要进入这个大家庭，任何人都必须通过正落的入口，这种布局体现了封建家庭中不能另立门户的观念。基于这种原因，在边落中不设正厅，保证了家庭中主要的礼仪接待活动都必须在正落中进行。布置在边落中的建筑无论在开间的面宽和总的间数等各方面都较正落为小，正落与边落间有通长的备弄。一般情况下，边落中各进的平面与正落不完全相同。边落中轴线是不完全贯通的，各进厅堂要经过备弄和天井才能进入。大宅布局上强调中央轴线的突出地位，是封建社会生活方式和意识形态的反映。

传统的地方材料及气候条件使民居具有较统一

注：本节图片由傅小芳拍摄。

的色调，即小青瓦屋面、白粉墙、棕红色广漆所形成的灰、白、棕三色的建筑主调。这种主调与江南的青山绿树共同组成淡雅、恬静、安宁、平和的色调。由于色彩的统一，结构的多变，使民居造型既有一致性又有灵活性。

6.2.1　故居的主要组成部分

1. 门厅

门厅在多进大院中第一进，并列的房间还包括过厅、门房、账房。

在大门两侧可以看到墙面光滑平整。据称，工匠们用刨子刨平砖块的方法，使墙面异常平整，砖与砖之间几乎没有空隙。这些砖又称刨砖，这种工艺称为磨砖对缝。

2. 轿厅

轿厅在第二进，也有与门厅布置在一起的（如南捕厅 15 号一进），是供客人和主人上下轿的地方。

3. 大厅

大厅供接待宾客、婚丧大典之用，是住宅民居建筑群体中的主体。为了加大、进深，突出建筑物的高度，大厅一般都采用抬梁结构，以显示主人的财富和地位。内部建筑构造精巧，装饰华贵。三开间，开间的宽度由中央向两侧递减，即中间较宽，大厅入口各间为通长落地扇门，可全部开启。大厅内壁设板壁（也称屏门），以避免视线直通内院，板壁上悬挂字画、对联、匾额，与室内的家具共同组成了大厅内丰富多彩的空间。大厅前后左右都是走廊，走廊还可以与侧面的备弄相连，这种布局使服务人员的往来行走不致干扰大厅中的活动。

4. 南捕厅 19 号大厅（也称响厅）

19 号大厅建筑物下端设台阶，室内原来在灰色的水磨地砖四角下都倒扣着一只只兰盆子或坛子，大厅地坪下排放着的上百个兰盆子，能使室内

产生较好的防潮、隔音效果，只有建房比较讲究的大户人家才用这种方式。同时建筑整体上的垫高，也增加了大厅的雄伟和庄严感。

5. 内厅

内厅设在第四、五进中，供主人及内眷生活、起居之用，内厅下层是家眷日常生活和进行家务劳动的场所，上层为卧室。第五进住着家族中最小的女性，故又称绣楼。

6. 厨房及其他服务性用房

这类房间布置在住宅的末端或边落中，可通过后门或经过备弄通向街市。

7. 庭院

庭院是民居中的重要组成部分，是功能上的需要，可以使空间环境产生极为丰富的变化。多进穿堂式从空间的虚实变化来看，实的是民居中的建筑物，虚的是向上开敞的庭院空间。庭院从功能上可以起到采光、通风、排水的作用。大多数庭院进深较浅，与建筑物的高度比为 1:1 左右，结合建筑物的围廊、挑檐，使整个住宅内部的交通面积减小，节省了用地，也避免了夏季的直射阳光，冬季由于檐部的起挑又能保证室内充足的日照。庭院内绿化较园林简洁典雅，不致形成空间的堵塞。南捕厅 15 号花厅前的院子，内部设假山、花石，用花墙隔断起调节气温、通风的作用。庭院的绿化和明亮的天光组成欢快的色调，与建筑物内部的调和与安宁的色调形成强烈的对比，使整个民居内部空间变化无穷。

8. 封火墙

高大的封火墙使建筑外形美观、雄伟，有效地防火防风，把建筑空间隔开，使其各部分的使用功能得以划分。

9. 备弄

各落建筑间有一条宽 1~1.5m 的通道，称为备

弄，又称甬道，有消防通道的用途，如遇火情，人们可以从备弄穿行救火。另外，封建社会男尊女卑，长幼有序，主仆分明，不得越雷池半步，主人、贵宾走正厅大道，而备弄就是供女人、仆人行走的通道。由此可以看出封建社会对女性、劳动人民的歧视。

传统的石、木、砖雕细腻的装修技巧，使民居的建筑细部变化无穷，它们在建筑装饰艺术中独具一格，充分发挥了其在建筑上的实用价值和独特的审美作用。它们是古代劳动人民辉煌的劳动创造和勤劳的累积，为后人留下了一份极其宝贵的文化遗产。木雕是通过梁架、梁托、雀替、檐条、楼层栏板、华板、柱棋、窗扇、栏杆等来表现的。绝大多数房屋的门窗都是格扇门、和合窗，各部比例匀称协调，格扇门的格心一般都是镂空的，冬天用纸糊上或配上玻璃，裙板上的雕饰多为寓意吉祥的故事和动植物图案。雕刻题材多样，内容丰富，有"竹节高升"、"葡萄结子"、"五福捧寿"、"延年益寿"等图案，其中"福鹿十景"象征"荣禄"之意，"郭子仪拜寿"表示"福寿"之意。

在梁坊等处还雕有"钱蝠"（全福）、"柏鹿"（百禄）、"柏树绶带鸟"（百寿）、"蝠磬"（福庆）、"蟠桃与鹤"（鹤寿）以及"玉堂富贵"、"吉庆有余"、"万事如意"、"平升三级"、"平安富贵"等各种吉祥图案，这些木雕刻工精细，疏密有致，层次丰富，显得典雅古朴，称得上是木结构装饰中不可多见的艺术品。室内还装饰有落地罩、挂落等，代表琴棋书画，梅兰竹菊。

在大厅前的门楼上及其他一些部位上有砖雕装饰，如"八仙过海"、"福禄寿喜"，其形式和内容相当丰富，是建筑、雕刻、绘画、书法、戏曲各方面的综合艺术。

经维修专家发现，甘熙故居并非徽派建筑，也不是完全的苏式建筑，而是和南京本土的高淳、六合等地一样，有着南京自己的建筑风格。如门楼装饰较素，显得简朴大方；封火墙特别高大，注重实用等。整个建筑反映了金陵大家士绅阶层的文化品位和伦理观念。

6.2.2 故居的部分家具场景

1. 厨房（图 6.2.1）

■ 图 6.2.1　厨房

2. 洞房（图 6.2.2）

古人结婚包括 6 个程序：问名、纳彩、纳吉、纳征、请期、亲迎。这里是亲迎后进入的洞房，房间内张灯结彩，喜气洋洋，让一对新人在此度过美好的花烛之夜。

3. 闺房（图 6.2.3）

闺房供家族中还未出阁的小姐生活起居之用，环境布置恬静、幽雅、实用、温馨。一边是学习琴、棋、书、画的书房，一边是练习女红的绣房。旧时女子以拥有一手好的针线活为第一要务。

图 6.2.2 洞房

图 6.2.3 闺房

4. 花轿（图 6.2.4）

花轿是旧时婚嫁中迎新的工具。图 6.2.4 所示的顶花轿制作于清末民初，长 3.94m，宽 1.04m，高 2.65m，分内外两层，四面通体雕刻。内层刻有花草纹，中间嵌有花鸟、仕女；外层分上、中、下 3 个部分，雕刻有三国故事、吉祥图案；顶部装饰有亭台楼阁，四角是展翅的凤凰、飞龙，龙口处流苏垂悬，正中一尊魁星跃立其上，他右脚抬起，一手高举点判笔，一手拿斗，眼光直视前方。魁星在民间是主管文运之神，备受读书人崇拜，其寓意魁星高照，金榜题名。底部四角都雕有一手持枪、一手握剑的赵子龙将军的形象。整个花轿共雕刻有 52 个人物，造型各异。花轿通体以描金装饰，熠熠生辉。

5. 家塾（图 6.2.5）

官宦人家一般都会把先生请到家中，专门教育家族中的孩子。家塾格局清晰，布置整齐。正面当首的长条几，宽有尺余，高更有 3 尺多，比常用的方桌高出五六寸。在它的前面摆放着一张书桌，上有文房四宝和戒尺。在前方对称放置着课桌和凳子。墙面上悬挂着《朱子家训》《三字经》《千字文》等，里面都是老祖宗传授的一些基本做人准则，如何立身、治家、处事之道，以及启蒙知识。

■ 图 6.2.4 花轿

■ 图 6.2.5 家塾

6. 卧房（图 6.2.6）

房间布置展示了 20 世纪五六十年代的居家习俗，此套家具由邢定康夫妇捐献。

7. 棋牌室（图 6.2.7）

棋牌室是主人特别为客人提供的一个娱乐、休闲的场所。一桌麻将、一副象棋，让朋友们感觉悠闲和无拘无束，可以在此消磨时光。

8. 沐浴间（图 6.2.8）

沐浴间中摆放着各种盆桶、衣架、屏风、红色纱帘、幔帐、红灯笼等，是沐浴的场所，为家庭生活中一个很私密的空间。

■ 图 6.2.6　卧房

■ 图 6.2.7　棋牌室

■ 图 6.2.8　沐浴间

6.3　严凤英旧居家具场景

著名黄梅戏表演艺术家严凤英的旧居位于安徽省安庆市。严凤英是安徽桐城人，15 岁开始学艺演旦角。在南京的友艺集，她和甘律之相识相恋，并在甘家大院结婚。严凤英曾向甘贡三、汪剑耘先生学习京昆技艺，在长期的艺术实践中，她吸取了昆曲、京剧和话剧的表演艺术，进而丰富、发展了黄梅戏的表演和音乐。严凤英唱腔流畅，富有浓郁的乡土气息。而且她音色优美、吐字清晰，代表剧目有《打猪草》、《天仙配》、《女驸马》、《牛郎织女》等。

1. 主人房（图 6.3.1）

主人房为三开间建筑，分成休息、娱乐、活动 3 个区域。卧室反映主人的居室布置；中间厅堂放置宫灯桌及座椅；旁边的小会客室是主人及关系特别亲密的好友娱乐活动的地方。室内家具的特点是线条流畅、造型简洁。

卧室

■ 图 6.3.1　主人房

注：本节图片由傅小芳拍摄。

中间厅堂

小会客室

■ 图 6.3.1（续）

2. 大厅（图 6.3.2）

大厅是主人进行议事、祭祀、婚礼、丧事和宴请、待客等重大活动的场所，是民居建筑群体中的主体。建筑上采用抬梁结构，以突出建筑物的高度和进深，内部建筑构造精巧、装饰华贵，以显示主人的财富和地位。

3. 内厅（图 6.3.3）

内厅设在多进穿堂式建筑的第三、四进中，供主人及内眷生活、起居之用。内厅下层是家眷日常生活和进行家务劳动的场所，也用来接待亲戚、挚友及女客。上层通常作为卧室，功能区分很明确。

■ 图 6.3.2　大厅

■ 图 6.3.3　内厅

■ 图 6.3.3（续）

6.4 无锡薛福成故居家具场景

　　薛福成故居位于江苏省无锡市崇安区健康路西侧，始建于 1890 年（清光绪十六年）至 1894 年（光绪二十年），被誉为"江南第一豪宅"。故居建筑群规模宏大，布局合理，占地超过 21000m²，建筑面积 5600m²。建筑分中、东、西三路，中路自南向北分别为照壁、门厅、正厅、房厅、转盘楼和后花园；东路为花厅、戏台、仓厅及廒（áo）仓等；西路有偏厅、杂屋及藏书楼等。2001 年被国务院定为全国重点文物保护单位。1995 年 4 月，江苏省人民政府公布为省级文物保护单位。图 6.4.1 所示为薛福成故居部分家具场景。

■ **图 6.4.1 薛福成故居家具场景**

注：本节图片由张福昌拍摄。

■ 图 6.4.1（续）

6.5 合肥李鸿章故居家具场景

李鸿章故居（图 6.5.1）位于安徽省合肥市淮河路中段，是合肥现存规模最大、保存最完整的名人故居，1998 年被评为省重点文物保护单位。李鸿章故居西边尚存四进约 50 间，临街门面过去李府曾用来开当铺，新中国成立后是淮河路百货公司商店，其第三、四进为"回"形二层楼阁，住女眷，故称"小姐楼"或"走马楼"。1999 年秋修竣的李鸿章故居共五进 1800m²，占地 2500m²，内中专室布置李鸿章生平陈列。这条 50m 的展带分 5 个部分，以较为翔实的资料、实物、图片和模型，客观地反映了李鸿章的一生并侧重介绍有关他的乡土资料。

■ 图 6.5.1 李鸿章故居大门

注：本节图片由傅小芳拍摄。

1. 中厅（图 6.5.2）

中厅又名福寿堂，是李府会见宾朋、举行重要 仪式的场所。建筑内空间采用明三暗五式，前槅扇后屏门。

■ 图 6.5.2 中厅

2. 小姐楼（图 6.5.3）

走马楼为江淮地区的特色建筑，面阔 7 间，上 下有回廊相通，又称走马转心楼，极言其通道宽敞。因李府家眷居住于此，当地称"小姐楼"。

■ 图 6.5.3（续）

6.6　黄山赛金花故居家具场景

赛金花故居（图 6.6.1）景区在安徽省黄山市和西递、宏村之间，修缮过程中运用了徽州传统的造园手法，其叠山、理水、建筑、植物与苏州、扬州等江南园林相比，有着很多不同之处。它集徽文化的诸多元素与黟县世外桃源般的自然美景于一体，因地制宜，巧于构造，将自然美景裁剪入园，是人工山水园与自然山水园的完美组合，具有极高的旅游观赏价值。园中主要景色包括"梨花伴月"、"双桥截春"、"静寄弄鱼"、"远风耸逸"、"环碧秀色"等，从人物、历史、文化、旅游角度来看，是一笔宝贵财富。

图 6.6.2 所示为故居中部分场景。

■ 图 6.6.1　黄山赛金花故居外景

注：本节图片由张小开拍摄。

■ 图 6.6.2　黄山赛金花故居场景

6.7　绍兴鲁迅故居家具场景

鲁迅故居（图 6.7.1）在浙江省绍兴市东昌坊口 19 号（今鲁迅路 2 闉号）周家新台门内，1988 年 1 月 13 日公布。鲁迅故居所在的整个新台门约建于 19 世纪初叶。故居原为两进，前面一进已非原貌，周家的 3 间平房已被拆除。后面一进是 5 间二层楼房，东首楼下小堂前是吃饭、会客之处，后半间是鲁迅母亲的房间，西首楼下前半间是鲁迅祖母的卧室。西次间是鲁迅诞生的房间。楼后隔一天井，是灶间和堆放杂物的 3 间平房。鲁迅的童年、少年时期在此度过，直至 1899 年外出求学。1910—1912 年，鲁迅回乡任教亦居于此。1912—1919 年间，鲁迅也曾几次回乡在此住过。鲁迅故居后园是百草园，原是周家与附近住房共有的菜园，面积近 2000m²，童年时代的鲁迅常在这里玩耍、捕鸟。

图 6.7.2 所示为故居中部分场景。

■ 图 6.7.1　鲁迅故居局部外景

注：本节图片由张福昌拍摄。

三味书屋

鲁迅外祖母卧室

■ 图 6.7.2　鲁迅故居部分家具场景

6.8 杭州胡雪岩故居家具场景

胡雪岩故居位于浙江省杭州市河坊街、大井巷历史文化保护区东部的元宝街,建于清同治十一年(1872年),那正是胡雪岩事业的巅峰时期。豪宅建设工程历时3年,于1875年竣工。落成的故居是一座富有中国传统建筑特色又颇具西方建筑风格的美轮美奂的宅第,整个建筑南北长东西宽,占地面积10.8亩(约7200m²),建筑面积5815m²。故居无论是从建筑还是到室内家具的陈设,用料之考究,堪称清末中国巨商第一豪宅。图6.8.1所示为故居中部分场景。

■ 图6.8.1 胡雪岩故居部分家具场景

注:本节图片由张福昌拍摄。

■ 图 6.8.1（续）

■ 图 6.8.1（续）

6.9　上海黄炎培故居家具场景

黄炎培故居（图 6.9.1）在上海市浦东新区川沙镇兰芬堂 74 弄 1 号，原为江苏省川沙厅城王前街"内史第"，清咸丰九年（1859 年）举人、内阁中书沈树镛的住宅。黄炎培故居在第三进内宅楼，占地面积 306m²，建筑面积 480m²，坐北朝南，两层砖木结构院落。1992 年 6 月，被批准为上海市文物保护单位。2003 年 1 月，被上海市人民政府命名为"上海市爱国主义教育基地"。

■ 图 6.9.1　黄炎培故居

注：本节图片由张福昌拍摄。

黄炎培故居是一座古色古香的二层砖木结构楼房，粉墙黑瓦，屋宇雕梁画栋，"内史第"大门口有古典精致的仪门，飞檐翘壁，正面有"凤戏牡丹"等砖雕，正面门楼雕有"华堂映日"，背面刻着"德厚春秋"的大字，凝厚庄重，门枋上雕有凤凰牡丹等图案装饰。下面基石盘龙石刻。整幢建筑具有典型的江南城镇风貌。楼内的院子被两道纵向的分割墙分成3个天井。朝南正房共有7间，东西厢房各2间，楼上的布局与楼下相同。黄炎培由于发愤读书，

22岁就得府考第一名秀才。同年与王纠思女士在"内史第"二楼东首的一间房内结婚。现在这间房内按原样陈列着旧木床、粗布蓝花被、梳妆台、木椅等物件。

故居正楼前设有一座黄炎培半身铜像，上悬陈云同志手书"黄炎培故居"匾额。故居内设有"黄炎培生平事迹陈列室"，展示历史照片154张，实物50件。

图6.9.2所示为故居中部分家具场景。

■ 图6.9.2　黄炎培故居部分家具场景

■ 图 6.9.2（续）

图 6.9.2（续）

6.10 中山孙中山故居家具场景

　　孙中山故居（图6.10.1）是广东省中山市唯一的全国重点文物保护单位，位于中山市南朗镇翠亨村，坐东北向西南，占地面积500m²，建筑面积340m²，是孙中山长兄孙眉于1892年从檀香山汇款回来由孙中山主持建成的。

　　孙中山故居是一幢砖木结构、中西结合的两层楼房，并设有一道围墙环绕着庭院。围墙正门外南侧有"全国重点文物保护单位孙中山故居"石刻牌匾。故居正门南侧有宋庆龄手书的"孙中山故居"木刻牌匾。孙中山故居外表仿照西方建筑。楼房上层各有7个赭红色装饰性的拱门。

　　孙中山故居纪念馆楼房内部设计用中国传统的建筑形式，中间是正厅，左右分两个耳房，四壁砖墙呈砖灰色勾出白色间线，窗户在正梁下对开。该建筑物门多、窗多、通道多。居屋内前后左右均有门通向街外，左旋右转，均可回到原来的起步点。正门上有一副对联："一椽得所，五桂安居。"是楼宇落成后孙中山亲笔撰写的。楼宇的右边有一口水井，水井周围约32m²是孙中山诞生时的旧房所在地。1866年11月12日，孙中山诞生于此。

　　故居正厅摆设是孙中山亲自布置的。1883年，他从檀香山带两盏煤油灯回来，放置在条台上。室内有孙中山日常使用过的书桌、台椅、铁床。1893年冬，孙中山曾在此书房研读古今书籍，探索救国救民真理，并曾在这里草拟《上李鸿章书》，提出"人能尽其才、地能尽其利、物能尽其用、货能畅其流"的主张。

　　图6.10.2所示为故居中部分场景。

■ 图6.10.1　孙中山故居外景

注：本节图片由傅小芳拍摄。

■ 图 6.10.2　孙中山故居部分家具场景

图 6.10.2（续）

■ 图 6.10.2（续）

■ 图 6.10.2（续）

6.11 江门梁启超故居家具场景

梁启超是中国近代很有影响的人物,一生著作甚丰。他出生和少年时期生活、学习的地方位于美丽的广东省江门市新会茶坑村的凤山下,现为江门(新会)全国重点文物保护单位。

梁启超故居(图 6.11.1)建于清光绪年间(1875—1908 年),是一幢古色古香的青砖土瓦平房,由故居、怡堂书室、回廊等建筑组成,建筑面积 400m²。故居有一正厅、一便厅、一饭厅、二耳房,两厅前各有一天井。

梁启超故居纪念馆于 2001 年建成,建筑面积 1600m²,建筑形式中西合璧,既有晚清岭南侨乡建筑韵味,更隐现天津饮冰室风格。故居内设陈列室,存放梁启超的部分遗物、著作,展出生平事迹及照片等,供旅游者参观瞻仰。其正门是由中国工程院院士、中国建筑大师莫伯治先生主持设计的。

图 6.11.2 所示为故居中部分家具场景。

正门

远眺

■ 图 6.11.1 江门梁启超故居外景

注:本节图片由张福昌拍摄。

■ 图 6.11.2 江门梁启超故居部分家具场景

■ 图 6.11.2（续）

6.12 天津梁启超故居家具场景

梁启超故居（图 6.12.1）位于天津市河北区民族路 44 号（旧居）和 46 号（饮冰室）。这两所住宅是民国初年梁启超购买周国贤旧意租界西马路空地所建。

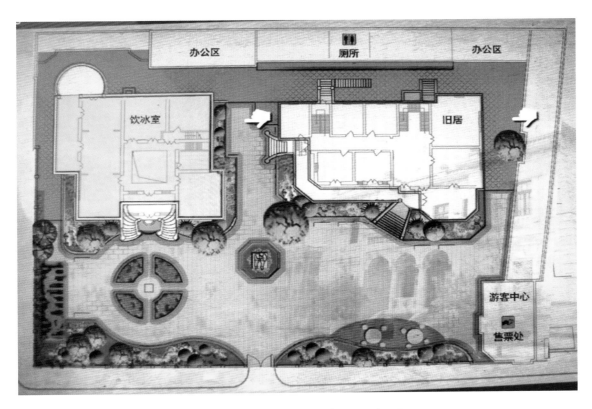

■ 图 6.12.1　天津梁启超故居平面布局图

注：本节图片由张小开拍摄。

1. 旧居

旧居为意式两层砖木结构楼房（图6.12.2），建于1914年，有前后两栋。前楼为主楼，为水泥外墙，塑有花饰，异形红色瓦顶，石砌高台阶，建筑面积1121m²，双槽门窗，相当讲究。主楼带地下室，一、二层各有9间居室，整体建筑分为两部分，东半部为梁氏专用，有小书房、客厅、起居室等；西半部是家属住房。后楼为附属建筑，有厨房、锅炉房、贮藏室、佣人住房等。前楼与后楼有走廊，天桥连接。

主楼由于目前被开发为梁启超纪念馆展览用，因此除一楼保留了书房场景（图6.12.3）外，其他房间均被改造成展室，因此无法还原当时的原貌。

■ 图6.12.2　主楼（现为梁启超纪念馆展室）

■ 图6.12.3　主楼一楼书房场景

2. 饮冰室

饮冰室建于1924年，由意大利建筑师白罗尼欧设计，是一所浅灰色两层小洋楼（图6.2.4），共有房34间，建筑面积949.50m²。楼内正面有3个小拱厅，门前两侧是石台阶，当中有蓄水池，池中雕一座石兽，口中喷水长年不断。

饮冰室的一楼（图6.2.5、图6.2.6）正中为大厅，大厅周围5间房子，除一间为杂房外，其余为书房和图书室。

■ 图 6.12.4　饮冰室建筑外立面

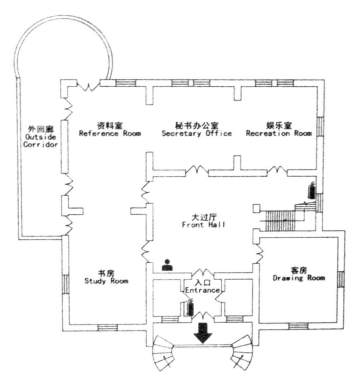

■ 图 6.12.5　饮冰室一楼布局

大过厅

客房

■ 图 6.12.6　饮冰室一楼主要场景

书房

资料室

秘书办公室　　　　　　　　　　　　　娱乐室

■ 图 6.12.6（续）

饮冰室的二楼（图 6.2.7、图 6.2.8）靠西北角　资料室。梁氏后期就住在这里从事著述。
也是一间大厅，靠东南角有几间主要作卧室或图书

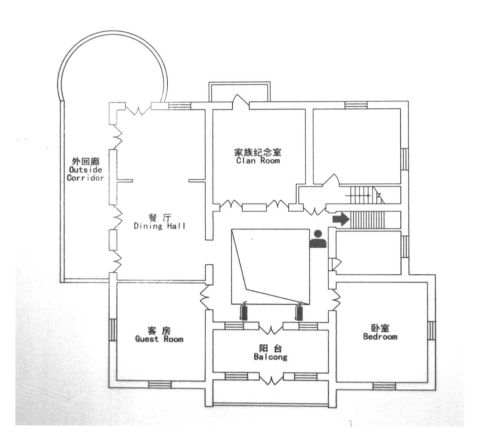

■ 图 6.12.7　饮冰室二楼布局

卧室

■ 图 6.12.8　饮冰室二楼主要家具场景

客房

餐厅

家族纪念室

图 6.12.8（续）

6.13　娄底曾国藩故居家具场景

曾国藩故居（图 6.13.1）富厚堂坐落在娄底市双峰县荷叶镇（旧属湘乡），始建于清同治四年（1865 年）。整个建筑像北京四合院结构，包括门前的半月塘、门楼、八本堂主楼及公记、朴记、方记 3 座藏书楼和荷花池，后山的鸟鹤楼、棋亭、存朴亭，还有咸丰七年（1857 年）曾国藩亲手在家营建的思云馆等，颇具园林风格。富厚堂的精华部分是藏书楼，曾藏书达 30 多万卷，是我国保存完好的最大的私家藏书楼之一。

建筑布局

厚富堂入口

■ 图 6.13.1　曾国藩故居

注：本节图片由张红颖拍摄。

富厚堂占地 4 万 m²，建筑面积 9202.86m²，为土石砖木结构，回廊式风格，内外群有八本堂、求厥斋、旧朴斋、艺芳馆、思云馆、八宝台、辑园、凫藻轩、棋亭、藏书楼等各种建筑，当年正门上悬挂着"毅勇侯第"朱地金字直匾，门前花岗石月台上飘扬着大清龙凤旗、湘军帅旗、万人伞等，景象颇为壮观。整个建筑虽具侯府规模却古朴大方，虽有雕梁画栋却不显富丽堂皇。富厚堂长廊体现了曾国藩对建宅"屋宇不肖华美，却须多种竹柏，多留菜园，即占去四亩，亦自无妨"的意旨。1866 年秋，主楼竣工，曾国藩夫人、子女和儿媳即回籍住进了富托新屋。图 6.13.2 所示为富厚堂中部分场景。

卧室

书房

楼梯过道

藏书馆

■ 图 6.13.2　富厚堂中部分家具场景

6.14　凤凰古城沈从文故居家具场景

　　沈从文故居（图 6.14.1）位于湖南省凤凰县，始建于清同治五年（1866 年），系木结构四合院建筑，占地 600m²，分为前后两栋共有房屋 10 间，沈从文在此度过了童年和少年时代。1988 年沈从文病逝于北京，骨灰葬于凤凰县听涛山下，同年故居大修并向游人开放，被列为省级文物保护单位。

故居现陈列有沈老的遗墨、遗稿、遗物和遗像，成为凤凰最吸引人的人文景观之一。2006 年 5 月 25 日，湖南省凤凰县的沈从文故居被国务院批准列入第六批全国重点文物保护单位名单。图 6.14.2 所示为故居内部分家具场景。

大门

沈从文雕像

■ 图 6.14.1　凤凰古城沈从文故居

客厅

■ 图 6.14.2　沈从文故居部分家具场景

注：本节图片由张福昌拍摄。

书房

卧室

藤椅 书架

■ 图 6.14.2（续）

6.15　北京齐白石故居家具场景

齐白石故居（图6.15.1）位于北京市西城区辟才胡同内跨车胡同15号，坐西朝东，是一座普通四合院带跨院的住宅，三面平房，一面围墙，围起了一方整洁宁静的院落。这个院子原来有房15间，3间北房，最东边一间是齐白石的卧室，中间是会客厅，摆着画案的西间是画室，悬挂着齐白石亲自篆刻的"白石画屋"横匾。

齐白石（1863—1957年）是湖南湘潭人，原名纯芝，字渭清，后改名璜，字濒生，号白石，别号借山吟馆主者、寄萍老人等。中国现代中国画大师，世界文化名人。1953年，齐白石获得中国文化部授予的"中国人民杰出的艺术家"称号。1955年又获得世界和平理事会书记处授予的"国际和平奖金"，1963年被列入世界十大文化名人。

■ 图6.15.1　北京齐白石故居

注：本节图片由张福昌拍摄。

1917 年，齐白石第一次来到北京，当时以卖画刻印为生，生活拮据，常辗转居所，四方寓居。1926 年，购买了西城区跨车胡同 15 号这套宅院。齐白石在这里生活居住了 30 余年。1955 年，政府专门为齐白石在雨儿胡同 13 号置办了一套花园式的新居，但齐白石第二年又搬回跨车胡同。这反映从雕花木工到一代艺术大师的齐白石老人热爱他苦心经营的住宅，热爱这里的一砖一瓦、一草一木，条件虽差，但感情深厚。图 6.15.2 展示了故居内部分家具场景。

■ 图 6.15.2　北京齐白石故居部分家具场景

■ 图 6.15.2（续）

6.16　西安华清池蒋介石行辕家具场景

华清池亦名华清宫，位于陕西省西安城东，骊山北麓，距历史文化名城西安30km，自古就是游览沐浴胜地，是全国第一批重点风景名胜区，1997年国务院公布华清宫遗址为全国第四批重点文物保护单位。紧依京城的地理位置，旖旎秀美的骊山风光，自然造化的天然温泉，吸引了在陕西建都的历代天子。周、秦、汉、隋、唐等历代封建统治者都将这块风水宝地作为他们的行宫别苑。围绕朝代的兴亡更替，华清池的盛衰变迁，文人墨客寻古觅幽，感叹咏怀，创作了《长恨歌》等无数流传千古、脍炙人口的诗词歌赋，成为我国古代文化遗产的重要组成部分。

华清池在中国现代革命史上也有重要的地位。

1936年12月12日，震惊中外的"西安事变"就发生在此。华清池内至今仍完整地保留着当年蒋介石行辕旧址（一字排开的8间清代建筑的厅房）。西边5间就是蒋介石当年住的五间厅（图6.16.1）。一号厅房为蒋介石的侍从室，二号厅房是蒋介石的卧室，三号厅房是蒋介石的办公室，四号厅房为会议室，五号厅房是蒋介石的秘书室。东边的三门厅是蒋介石贴身侍卫蒋孝先等人的住宿地和无线电通讯班所在地。各房间使用的桌子、椅子、床、沙发、茶具、火炉、地毯、电话等均按原貌复制摆放。游客们在此仍然能看到当年激战时在玻璃上留下的子弹孔和蒋介石从这里翻窗逃出后躲到郦山上的痕迹。图6.16.2所示为蒋介石行辕中部分家具场景。

■ 图6.16.1　华清池五间厅

注：本节图片引自 http://bbs.zol.com.cn/dcbbs/d268_80806.html。

办公室

会议室　　　　　　　　　　　　　　　　秘书室

卧室　　　　　　　　　　　　　　　　沐浴室

启承室　　　　　　　　　　　　　　　　侍从室

■ 图 6.16.2　西安华清池蒋介石行辕部分家具场景

6.17 江西蒋介石"美庐"家具场景

美庐是江西省庐山特有的一处人文景观，展示了风云变幻的中国现代史的一个侧面。美庐曾作为蒋介石的夏都官邸——主席行辕，是当年"第一夫人"生活的"美的房子"，其演化出的历史轨迹与世纪风云紧密相连。它曾是一处"禁苑"，日夜被包裹在漂浮的烟云中，令人神往，又令人困惑。如今美庐敞开它的真面目，以独有的风姿和魅力吸引着海内外的游人。

这栋别墅始建于1903年，由英国兰诺兹勋爵建造，1922年转让给巴莉女士。巴莉女士与宋美龄私人感情颇深，1933年夏，巴莉女士将此栋别墅让给蒋介石夫妇居住，1934年巴莉女士将这栋别墅作为礼物，赠送给宋美龄。从此，宋美龄成为这栋别墅唯一的主人。蒋介石很喜欢这里的环境，视为风水宝地。在他的眼中，"背山面水"正符合中国风水学说所推崇的格局。因为宋美龄名字中也有一个"美"字，于是这栋别墅就被命名为"美庐"。

绿荫笼罩下的"美庐"别墅，为石木结构，主楼为两层，附楼为一层，占地面积为455m²，建筑面积为996m²。整个"美庐"庭园占地面积为4928m²，建筑占地面积仅占其总面积不足1/10，因而显得庭园特别敞净，而建筑主体却又显得适宜，既不感到笨拙，又不感到纤弱，产生出一种和谐美。

登十字形长石阶，步通透式凉台，进入室内是一装饰典雅、中西合璧的会客厅。猫眼绿的地毯，墨绿的沙发，墙壁上挂着宋美龄不同时期的半身照片以及蒋介石夫妇在"美庐"生活的部分照片。紧邻是当年"第一夫人"的卧室，室内陈设基本保持原貌，居中有双人床，据说是用英国优质木料制作的，床左侧放置一圆形雕花梳妆台，方柜上摆设着精致的象牙扇等物品。

二楼是蒋介石的办公室、会客厅、卧室。卧室的配置和宋美龄的卧室相仿，却多了一张躺式沙发。办公室的斜对面是侍从室第二处主任、有"文胆"之称的陈布雷办公室兼卧室。办公室的左边分别建有凉台和阳台，均为石柱、石栏，宽阔安适。

图6.17.1所示为美庐别墅中部分家具场景。

■ 图 6.17.1　美庐别墅中部分家具场景

图 6.17.1（续）

6.18　黑龙江萧红故居家具场景

萧红故居（图 6.18.1）位于黑龙江省哈尔滨市呼兰区，是中国著名左翼女作家萧红的出生地，始建于 1908 年（光绪三十四年）。故居保留着满族民居建筑的风格，为清末传统八旗式宅院，青砖青瓦，土木结构，是典型的带有满族风格的北方民居。1986 年被定为省级文物保护单位。修复后的萧红故居青砖院墙，院门面东而开，正门门楣上悬"萧红故居"横匾，院内有 5 间正房，东西间陈列萧红祖母用过的部分物品，西两间屋展出萧红生前照片，中外名人留影、题词、信函等。走进故居院内，首先看见的是一座高达 2m 的汉白玉萧红塑像。图 6.18.2 展示了故居中部分家具场景。

■ 图 6.18.1　萧红故居大门

注：本节图片引自 http://blog.ifeng.com/album/album_176601-2.html。

图 6.18.2　萧红故居部分家具场景

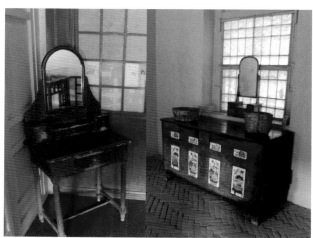

■ 图 6.18.2（续）

6.19 浙江丰子恺故居家具场景

丰子恺（1898—1975年）原名丰润，字仁，浙江省桐乡市石门镇人，我国现代画家、散文家、美术教育家、音乐家、教育家和翻译家，是一位在多方面卓有成就的文艺大师。

丰子恺纪念馆（图6.19.1）位于浙江省桐乡市石门镇，是以名人文化为主的一座艺术殿堂。丰子恺纪念馆分为两个部分：丰子恺故居"缘缘堂"和丰子恺漫画馆。

■ 图6.19.1　丰子恺故居正门

注：本节未注图片均由张福昌拍摄。

缘缘堂始建于1933年春，由丰子恺先生亲自设计，采用中式结构，黑瓦彩墙的江南民居风格，全屋正直，单纯明快，高大轩敞，三开间两层建筑，具有江南民居的深沉朴素之美。缘缘堂1938年曾毁于日军炮火，后来在丰子恺莫逆之交即新加坡佛教协会主席广洽法师的创议和捐资下，在1985年9月15日得以按原貌重建。

丰子恺漫画馆1998年建于缘缘堂东侧，总面积820m²，院子中间立有丰子恺全身石雕像，内设"丰子恺艺术生涯陈列室"、"丰子恺书画精品陈列室"、"中国漫画名家陈列室"、"中国当代漫画家作品陈列室"等4个展厅。缘缘堂内原有的展品全部移到这里，缘缘堂则按故居形式布置家具。

图6.19.2所示为故居内部分家具场景。

正厅

厅堂

■ 图6.19.2　丰子恺故居部分家具场景

供桌与蒲团

书桌与藤椅（许熠莹拍摄）

雕花木架床（许熠莹拍摄）

铁架床

木架床

丰子恺在"文革"时期的小床（许熠莹拍摄）

■ 图 6.19.2（续）

藤质茶几与双人藤椅

高背小竹椅（许熠莹拍摄）

茶几与靠背椅

■ 图 6.19.2（续）

6.20 无锡顾毓琇故居家具场景

顾毓琇纪念馆坐落于江苏省无锡市学前街3号，由顾氏祖居扩建而成。该馆计有6厅：第一厅为"生平简介"；第二厅为"科教泰斗"；第三厅为"文坛大家"；第四厅为"家学渊博"；第五厅为"爱国情深"；第六厅为"魂归故乡"。图6.20.1所示为纪念馆中展出的部分家具场景。

■ 图6.20.1 顾毓琇故居部分家具场景

注：本节图片由张福昌拍摄。

6.21　无锡祝大椿故居家具场景

祝大椿故居位于江苏省无锡市南城门外的清名桥东侧，伯渎港街，伯渎港117号至122号。故居整个宅邸规模较大，部分建筑做工精致，是无锡清名桥历史街区保护和修复的最完整的清代名人故居，也是目前街区内的故居中规模最大的省级文物保护单位。

祝大椿是中国近代民族工商业的重要代表人物之一，近代无锡首位"红顶商人"，被誉为"电气大王"。他的一生都在不断地追求中国民族工商业的腾飞，同时也积极投身社会公益活动，开创了地方义务教育的先河。图6.21.1展示了故居中部分家具场景。

会客厅

■ 图6.21.1　祝大椿故居部分家具场景

注：本节图片由张福昌拍摄。

后屋一层书屋

后屋二层卧室

■ 图 6.21.1（续）

6.22 无锡钱钟书故居家具场景

　　钱钟书故居位于江苏省无锡市健康路新街巷30号、32号，是钱家祖遗产业——钱绳武堂，由钱钟书祖父钱福炯筹建于1923年，其叔父钱孙卿续建于1926年，占地面积二亩四分八厘八毫（1600m²），为七开间三进明清风格，又吸取了西式建筑的特点。钱福炯题名为"绳武堂"，匾为当时江苏省省长韩国钧所书。钱福炯集经史语撰联悬于厅堂之上，勉励钱氏子孙勤奋读书，安分守业，和睦相处，继承家风。钱钟书在这里度过了童年、少年、青年时期，绳武堂敦厚质朴竞志奋进的门风，都在他心里留下了不可磨灭的印象。图6.22.1展示了故居中部分家具场景。

■ 图6.22.1　钱钟书故居部分家具场景

注：本节图片由张福昌拍摄。

■ 图 6.22.1（续）

6.23　湖北张居正故居家具场景

中
华
民
族
传
统
家
具
大
典
·
场
景
卷

358

　　张居正故居（图6.23.1）位于湖北省荆州市古城东大门内。荆州古城一条以张居正命名的街巷由来已久，顾名思义，张居正故居就在这条街道上。由于历史原因，故居毁于战乱，后由荆州市重建，并以其原有建筑景观布局。张居正故居包括仿明清四重院落、西花园、照壁、张文忠公祠、文昌阁、神龟池、捧日楼、纯忠堂、南门广场等景观。图6.23.2展示了故居中部分家具场景。

■ 图 6.23.1　湖北张居正故居

注：本节图片由张小开拍摄。

■ 图 6.23.2 张居正故居部分家具场景

6.24　其他故居家具场景

1. 成都杜甫草堂（图 6.24.1）

杜甫草堂坐落于四川省成都市西门外的浣花溪畔，是中国唐代大诗人杜甫流寓成都时的故居。杜甫先后在此居住近 4 年，创作诗歌 240 余首。唐末诗人韦庄寻得草堂遗址，重结茅屋，使之得以保存，宋、元、明、清历代都有修葺扩建。

今天的草堂占地面积近 300 亩，仍完整保留着明弘治十三年（1500 年）和清嘉庆十六年（1811 年）修葺扩建时的建筑格局，建筑古朴典雅、园林清幽秀丽，是中国文学史上的一块圣地。1955 年成立杜甫纪念馆，1985 年更名为成都杜甫草堂博物馆，是中国规模最大、保存最完好、知名度最高且最具特色的杜甫行踪遗迹地，年游客量达百万余人次。

草堂入口

■ 图 6.24.1　成都杜甫草堂

注：本节图片均由张福昌拍摄。

部分家具场景

■ 图 6.24.1（续）

2. 木渎严家淦故居（图 6.24.2）

严家淦故居位于江苏省苏州市木渎古镇山塘街王家桥北。光绪二十八年（1902 年），木渎首富严国馨买下端园，重葺一新，更名"羡园"。因园主姓严，当地人称"严家花园"。严家花园经过 3 代主人的努力，前后历时 200 多年，无论是岁月沧桑，还是人文蕴积，都赋予严家花园一种文化气息和名园风范，被现代著名建筑学家刘敦桢教授称为"江南园林经典之作"。

■ 图 6.24.2　木渎严家淦故居部分家具场景

3. 广西昭平何香凝旧居（图 6.24.3）

■ 图 6.24.3　何香凝旧居部分家具场景

4. 广西昭平欧阳予旧居（图 6.23.4）

■ 图 6.24.4 欧阳予旧居部分家具场景

5. 宋庆龄故居（图 6.24.5）

卧室

过厅

客厅

■ 图 6.24.5 宋庆龄故居部分家具场景

致谢：

本章部分文字和图片来源于百度百科等网络资料，在此表示感谢！

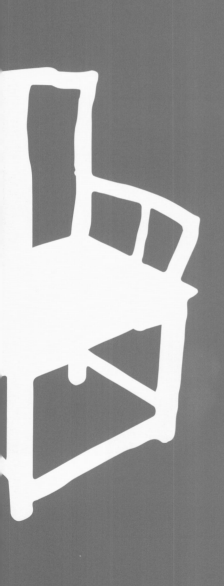

7

部分地域民居家具场景

所谓民居，就是中国不同地域的民房。中国民居有诸多类型，建筑格局也大不相同，代表了各地不同的居住文化。民居中的家具场景集中体现了当地的生活特点和特色，体现了不同地域的民间文化。因此，本章重点展示的是不同地方特色民居内的家具及家具布局特点。选取的21个地区基本上涵盖了中国的大江南北，具有很好的代表性。

7.1 山东胶州民居家具场景

1. 堂屋（图 7.1.1）

■ 图 7.1.1　胶州民居·堂屋家具场景

注：本节图片由张福昌拍摄。

2. 卧室（图 7.1.2）

■ 图 7.1.2　胶州民居·卧室家具场景

■ 图 7.1.2（续）

3. 厨房（图 7.1.3）

■ 图 7.1.3　胶州民居·厨房家具场景

1. 卧室（图 7.2.1）

■ 图 7.2.1　西溪农家·卧室家具场景

注：本节图片由张福昌拍摄。

2. 客厅（图 7.2.2）

■ 图 7.2.2　西溪农家·客厅家具场景

3. 厨房（图 7.2.3）

■ 图 7.2.3　西溪农家·厨房家具场景

7.3　福建土楼家具场景

1. 土楼民居家具场景（图 7.3.1）

土楼内场景

土楼内家具场景

■ 图 7.3.1　土楼民居家具场景（黄河拍摄）

土楼内家具场景

售货摊

■ 图 7.3.1（续）

门口灶台

室内灶台

杂物柜

门下竹器

■ 图 7.3.1 (续)

堂屋

门外日用家具

祠堂内家具

■ 图 7.3.1（续）

2. 土楼博物馆中家具场景（图 7.3.2）

卧室

厨房

闺房

客房

农具

厨房

■ **图 7.3.2 土楼博物馆中家具场景**（张福昌拍摄）

私塾

新房

■ 图 7.3.2（续）

7.4 闽西客家培田村家具场景

1. 院内（图 7.4.1）

■ 图 7.4.1　培田村·院内家具场景

注：本节图片选自参考文献 [1]。

2. 堂屋及客厅（图 7.4.2）

■ 图 7.4.2　培田村·堂屋及客厅家具场景

■ 图 7.4.2（续）

3. 其他（图 7.4.3）

■ 图 7.4.3　培田村·教室家具场景

7.5 珠海民居家具场景

1. 卧室（图 7.5.1）

■ 图 7.5.1 珠海民居·卧室家具场景

注：本节图片由张福昌拍摄。

2. 厨房（图 7.5.2）

■ 图 7.5.2　珠海民居·厨房家具场景

3. 其他（图 7.5.3）

■ 图 7.5.3　珠海民居·磨坊家具场景

7.6　江西婺源民居家具场景

1. 堂屋（图 7.6.1）

■ 图 7.6.1　婺源民居·堂屋家具场景

注：本节图片由张福昌拍摄。

■ 图 7.6.1（续）

2. 其他（图 7.6.2）

街边饭馆

院内晾衣架

理发店

■ 图 7.6.2　婺源民居·其他家具场景

竹编家具

风车等生产家具

室内放置的农用家具

厨房

■ 图 7.6.2（续）

7.7 江西安义古村落家具场景

1. 堂屋及客厅（图 7.7.1）

■ 图 7.7.1　安义古村落·堂屋及客厅家具场景

注：本节图片由张福昌拍摄。

■ 图 7.7.1（续）

2. 卧室（图 7.7.2）

■ 图 7.7.2　安义古村落·卧室家具场景

3. 厨房（图 7.7.3）

■ 图 7.7.3　安义古村落·厨房家具场景

4. 其他（图 7.7.4）

小院　　　　　　　　　　　　　　　　祠堂

■ 图 7.7.4　安义古村落·其他家具场景

7.8　北京民居家具场景

1. 陈履生故居家具场景（图 7.8.1）

餐厅

客厅一角

玄关

茶室

■ 图 7.8.1　陈履生故居家具场景[2]

2. 王乃壮故居家具场景（图 7.8.2）

客厅

■ 图 7.8.2　王乃壮故居家具场景 [2]

3. 雕塑家包泡先生故居家具场景（图 7.8.3）

餐厅

■ 图 7.8.3　包泡先生故居家具场景 [2]

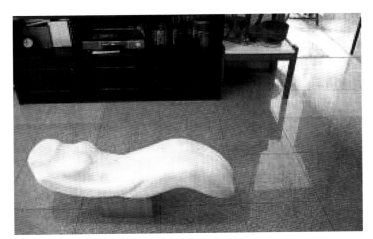 

客厅

■ 图 7.8.3（续）

4. 北京某宅堂内清代家具场景（图 7.8.4）

客厅

书房

卧室

■ 图 7.8.4　北京某宅堂内清代家具场景（张福昌拍摄）

5. 其他家具场景（图 7.8.5）

爨底下村室内陈设

卧室

餐厅

■ 图 7.8.5 北京民居中其他家具场景（张福昌拍摄）

7.9　重庆湖广会馆家具场景

1. 客厅（图 7.9.1）

■ 图 7.9.1　湖广会馆·客厅家具场景

2. 祠堂（图 7.9.2）

■ 7.9.2　湖广会馆·祠堂家具场景

注：本节图片由张小开拍摄。

3. 茶馆（图7.9.3）

■ 图7.9.3　湖广会馆·茶馆家具场景

4. 其他（图7.9.4）

床

戏台　　　　　　　　　　　　　少林堂

■ 图7.9.4　湖广会馆·其他家具场景

7.10 东北民居家具场景

1. 铁岭市周恩来少年读书旧址家具场景（图 7.10.1）

■ 图 7.10.1 周恩来铁岭读书旧址

注：本节图片由张小开拍摄。

2. 黑龙江绥化市林枫故居家具场景（图7.10.2）

客厅

卧室

账房

■ 图7.10.2　林枫故居家具场景

3. 沈阳少帅府家具场景（图 7.10.3）

书房

账房

客厅

■ 图 7.10.3　沈阳少帅府家具场景

琴室

卧室

■ 图 7.10.3（续）

会议室

会客室

办公室

■ 图 7.10.3（续）

7.11 河南民居家具场景

1. 洛阳某民居家具场景（图 7.11.1）

■ 图 7.11.1 洛阳某民居客厅陈设[3]

2. 郑州某展馆内家具场景（图 7.11.2）

■ 图 7.11.2 郑州某展馆客厅家具（王庆斌拍摄）

3. 朱仙镇天成年画作坊家具场景（图 7.11.3）

年画作坊（张福昌拍摄）

年画艺人张廷旭的作坊[4]

■ 图 7.11.3　朱仙镇天成年画作坊

7.12　广西民居家具场景

1. 客厅（图 7.12.1）

■ 图 7.12.1　广西民居·客厅家具场景

注：本节图片由张福昌拍摄。

2. 厨房（图 7.12.2）

■ 图 7.12.2　广西民居·厨房家具场景

3. 其他（图 7.12.3）

小饭馆家具　　　　　　　　　　　　过道内桌椅

桌椅　　　　　　　　　　　　　　　门口

■ 图 7.12.3　广西民居·其他家具场景

7.13 海南民居家具场景

1. 文昌宋氏祖居家具场景（图 7.13.1）

卧室

客厅

■ 图 7.13.1　文昌宋氏祖居家具场景[4]

2. 文昌民居家具场景（图 7.13.2）

客厅

民居内家具

■ 图 7.13.2　文昌民居家具场景[5]

7.14 天津民居家具场景

1. 石家大院家具场景（图 7.14.1）

客厅

■ 图 7.14.1 天津石家大院家具场景

注：本节图片由张小开拍摄。

私塾

戏园

卧室

账房

■ 图 7.14.1（续）

泥人张模型——婚房、拜堂

泥人张模型——接亲

婚房

■ 图 7.14.1（续）

2. 天津戏剧博物馆中展出的家具场景（图 7.14.2）

■ 图 7.14.2　天津戏剧博物馆中的戏园及戏台藻井

3. 杨柳青年画作坊家具场景（图 7.14.3）

■ 图 7.14.3　杨柳青年画作坊内场景

4. 蓟县香格里山庄家具场景（图 7.14.4）

院内家具

室内休息家具

走廊

观景家具

餐厅

■ 图 7.14.4　蓟县香格里山庄家具场景

5. 蓟县小自在山庄家具场景（图 7.14.5）

■ 图 7.14.5　蓟县小自在山庄的大厅

7.15 河北民居家具场景

1. 广府古镇杨露禅故居家具场景（图 7.15.1）

■ **图 7.15.1** 杨露禅故居中的客厅（张小开拍摄）

2. 于家石头村家具场景（图 7.15.2）

院内场景

客厅

■ **图 7.15.2** 于家石头村家具场景[6]

卧室

轿子

学堂

■ 图 7.15.2（续）

7.16 甘肃地区家具场景

1. 甘肃夏河民居家具场景（图 7.16.1）

裕固族家中经堂布置

裕固族家中陈设

民间供案

■ 图 7.16.1 甘肃夏河民居家具场景[3]

2. 天水南宅子家具场景（图 7.16.2）

正堂堂屋

皮影戏放映室家具场景　　　　　　　　婚房

学堂

■ 图 7.16.2　天水南宅子家具场景 [7]

客厅

祠堂

卧室（床）

卧室（炕）

■ 图 7.16.2（续）

婚房一角

厨房　　　　　　　　　　　　　　　　　马车

■ 图 7.16.2（续）

7.17 湖南高椅村家具场景

1. 厨房（图 7.17.1）

■ 图 7.17.1 高椅村·厨房家具场景

注：本节图片引自参考文献 [8]。

2. 其他（图7.17.2）

院内　　　　　　　　　　　　客厅聚餐

吃饭

祠堂

座椅

■ 图7.17.2　高椅村·其他家具场景

7.18　徽州民居家具场景

1. 堂屋及客厅（图 7.18.1）

标准的厅堂全套家具

大廊步三间式住宅堂屋

■ 图 7.18.1　徽州民居·堂屋及客厅家具场景

注：本节未注图片均由李秋香拍摄。

客厅

■ 图 7.18.1（续）

客厅及天井内

堂屋（张小开拍摄）

■ 图 7.18.1（续）

2. 卧室（图 7.18.2）

■ 图 7.18.2　徽州民居·卧室家具场景（张小开拍摄）

3. 其他（图 7.18.3）

天井内

厨房　　　　　　　　　　　　　　　洗脸架等

■ 图 7.18.3　徽州民居·其他家具场景（张小开拍摄）

7.19 山西祁县乔家大院家具场景

1. 堂屋及客厅（图 7.19.1）

后堂

■ 图 7.19.1 祁县乔家大院·堂屋及客厅家具场景

注：本节图片由王庆斌拍摄。

客厅

■ 图 7.19.1（续）

2. 卧室（图 7.19.2）

■ 图 7.19.2　祁县乔家大院·卧室家具场景

3. 其他（图 7.19.3）

屏风

餐桌椅

床

镜子及桌椅

婚房客厅及卧室

■ 图 7.19.3　祁县乔家大院·其他家具场景

7.20　江苏民居家具场景

1. 南通蓝印花布博物馆家具场景（图 7.20.1）

卧室及卧室一角

客厅桌椅

■ 图 7.20.1　南通蓝印花布博物馆家具场景

注：本节图片由张福昌拍摄。

2. 苏州怡园家具场景（图 7.20.2）

■ 图 7.20.2　苏州怡园琴室场景

3. 宜兴徐秀棠大师故居家具场景（图 7.20.3）

客厅　　　　　　　　　　　　　　　　石磨等工具房

■ 图 7.20.3　宜兴徐秀棠大师故居家具场景

4. 木渎古镇民居家具场景（图 7.20.4）

婚房——客厅

婚房——卧室

客厅一角

 图 7.20.4　木渎古镇民居家具场景

7.21 四川民居家具场景

1. 都江堰街子古镇家具场景（图 7.21.1）

正堂

会客厅

■ 图 7.21.1　都江堰街子古镇家具场景

注：本节图片由张小开拍摄。

卧室

书房（琴室）

书房

■ 图 7.21.1（续）

婚房客厅

婚房卧室

厨房

室外工具间

豆腐坊

■ 图 7.21.1（续）

2. 大邑安仁古镇家具场景（图7.21.2）

街边饭馆的餐桌椅

■ 图7.21.2 大邑安仁古镇家具场景

室外休闲桌椅

卧室

书房

客厅

■ 图 7.21.2（续）

3. 都江堰文庙家具场景（图 7.21.3）

家具展示一角

走廊餐饮家具

■ 图 7.21.3　都江堰文庙家具场景

参考文献

[1]　李秋香．闽西客家古村落：培田村 [M]．北京：清华大学出版社，2008．
[2]　张文武．名人家居 [M]．北京：水利水电出版社，2001．
[3]　王朝闻．中国民间美术全集 [M]．济南：山东教育出版社，1993．
[4]　http://www.quanjing.com/share/297-2079.html.
[5]　http://pp.fengniao.com/photo_9458106.html.
[6]　http://www.photofans.cn.
[7]　http://blog.sina.com.cn/s/blog_724cfd4d0100tbp3.html.
[8]　李秋香．高椅村 [M]．北京：清华大学出版社，2010．

图 索 引

1

图 1.1.1　故宫平面图⋯⋯⋯⋯⋯⋯⋯003
图 1.1.2　太和殿内景⋯⋯⋯⋯⋯⋯⋯004
图 1.1.3　太和殿内的龙椅⋯⋯⋯⋯⋯004
图 1.1.4　中和殿内景⋯⋯⋯⋯⋯⋯⋯005
图 1.1.5　保和殿内景⋯⋯⋯⋯⋯⋯⋯006
图 1.1.6　养心殿平面图⋯⋯⋯⋯⋯⋯007
图 1.1.7　养心殿中正仁和厅⋯⋯⋯⋯008
图 1.1.8　养心殿东暖阁⋯⋯⋯⋯⋯⋯009
图 1.1.9　养心殿西暖阁⋯⋯⋯⋯⋯⋯010
图 1.1.10　养心殿后皇帝寝宫⋯⋯⋯⋯011
图 1.1.11　养心殿西次间⋯⋯⋯⋯⋯⋯011
图 1.1.12　养心殿体顺堂⋯⋯⋯⋯⋯⋯012
图 1.1.13　养心殿旁边厢房⋯⋯⋯⋯⋯012
图 1.1.14　养心殿穿堂⋯⋯⋯⋯⋯⋯⋯012
图 1.1.15　养心殿东围房⋯⋯⋯⋯⋯⋯013
图 1.1.16　养心殿随安室⋯⋯⋯⋯⋯⋯013
图 1.1.17　长春宫⋯⋯⋯⋯⋯⋯⋯⋯⋯014
图 1.1.18　太极殿明间⋯⋯⋯⋯⋯⋯⋯016
图 1.1.19　太极殿东梢间⋯⋯⋯⋯⋯⋯017
图 1.1.20　太极殿西梢间⋯⋯⋯⋯⋯⋯017
图 1.1.21　太极殿西次间⋯⋯⋯⋯⋯⋯017
图 1.1.22　坤宁宫⋯⋯⋯⋯⋯⋯⋯⋯⋯018
图 1.1.23　乾清宫⋯⋯⋯⋯⋯⋯⋯⋯⋯020
图 1.1.24　储秀宫⋯⋯⋯⋯⋯⋯⋯⋯⋯020
图 1.1.25　宁寿宫畅音阁大戏楼内景⋯021
图 1.1.26　翊坤宫明间⋯⋯⋯⋯⋯⋯⋯021
图 1.1.27　体和殿东次间⋯⋯⋯⋯⋯⋯021
图 1.1.28　体和殿东梢间⋯⋯⋯⋯⋯⋯021
图 1.1.29　交泰殿⋯⋯⋯⋯⋯⋯⋯⋯⋯021
图 1.1.30　咸福宫⋯⋯⋯⋯⋯⋯⋯⋯⋯021
图 1.1.31　养性殿宝座间⋯⋯⋯⋯⋯⋯022
图 1.1.32　书房斋后殿⋯⋯⋯⋯⋯⋯⋯022
图 1.1.33　军机处⋯⋯⋯⋯⋯⋯⋯⋯⋯022
图 1.2.1　沈阳故宫平面图⋯⋯⋯⋯⋯023
图 1.2.2　大政殿⋯⋯⋯⋯⋯⋯⋯⋯⋯024
图 1.2.3　大政殿内景⋯⋯⋯⋯⋯⋯⋯024
图 1.2.4　大政殿前的十王亭⋯⋯⋯⋯025

图 1.2.5　十王亭左翼王亭内室⋯⋯⋯025
图 1.2.6　崇政殿⋯⋯⋯⋯⋯⋯⋯⋯⋯026
图 1.2.7　凤凰楼⋯⋯⋯⋯⋯⋯⋯⋯⋯027
图 1.2.8　清宁宫⋯⋯⋯⋯⋯⋯⋯⋯⋯028
图 1.2.9　关雎宫内景⋯⋯⋯⋯⋯⋯⋯029
图 1.2.10　关雎宫内陈设⋯⋯⋯⋯⋯⋯029
图 1.2.11　永福宫内景⋯⋯⋯⋯⋯⋯⋯030
图 1.2.12　永福宫内陈设⋯⋯⋯⋯⋯⋯030
图 1.2.13　麟趾宫内场景⋯⋯⋯⋯⋯⋯031
图 1.2.14　迪光殿内景⋯⋯⋯⋯⋯⋯⋯032
图 1.2.15　文溯阁外景⋯⋯⋯⋯⋯⋯⋯033
图 1.2.16　文溯阁内景⋯⋯⋯⋯⋯⋯⋯033
图 1.3.1　伪满皇宫遗址平面图⋯⋯⋯034
图 1.3.2　伪满皇宫宫内府⋯⋯⋯⋯⋯035
图 1.3.3　缉熙楼外景⋯⋯⋯⋯⋯⋯⋯037
图 1.3.4　谭玉玲生活区⋯⋯⋯⋯⋯⋯038
图 1.3.5　婉容生活区⋯⋯⋯⋯⋯⋯⋯039
图 1.3.6　溥仪寝宫⋯⋯⋯⋯⋯⋯⋯⋯040
图 1.3.7　勤民楼外景⋯⋯⋯⋯⋯⋯⋯042
图 1.3.8　勤民楼主要场景⋯⋯⋯⋯⋯043
图 1.3.9　同德殿⋯⋯⋯⋯⋯⋯⋯⋯⋯045
图 1.3.10　同德殿内部主要场景⋯⋯⋯046
图 1.3.11　畅春轩⋯⋯⋯⋯⋯⋯⋯⋯⋯048
图 1.3.12　植秀轩⋯⋯⋯⋯⋯⋯⋯⋯⋯049
图 1.3.13　怀远楼⋯⋯⋯⋯⋯⋯⋯⋯⋯050
图 1.4.1　卧虬堂⋯⋯⋯⋯⋯⋯⋯⋯⋯051
图 1.4.2　戏台⋯⋯⋯⋯⋯⋯⋯⋯⋯⋯052
图 1.4.3　四合院⋯⋯⋯⋯⋯⋯⋯⋯⋯053
图 1.4.4　鹤轩内场景⋯⋯⋯⋯⋯⋯⋯055
图 1.4.5　藏书楼⋯⋯⋯⋯⋯⋯⋯⋯⋯057
图 1.4.6　忠王府议事厅⋯⋯⋯⋯⋯⋯057
图 1.5.1　天津庄王府⋯⋯⋯⋯⋯⋯⋯058
图 1.5.2　前殿⋯⋯⋯⋯⋯⋯⋯⋯⋯⋯059
图 1.5.3　中殿⋯⋯⋯⋯⋯⋯⋯⋯⋯⋯060
图 1.5.4　后殿⋯⋯⋯⋯⋯⋯⋯⋯⋯⋯061

2

图 2.1.1　宏村平面图⋯⋯⋯⋯⋯⋯⋯064
图 2.1.2　承志堂⋯⋯⋯⋯⋯⋯⋯⋯⋯065

图 2.1.3　承志堂内的木雕·······················066
图 2.1.4　汪氏宗祠"乐叙堂"·················067
图 2.1.5　南湖书院·································068
图 2.1.6　敬修堂正厅·····························069
图 2.1.7　松鹤堂正厅·····························070
图 2.1.8　桃园居正厅·····························070
图 2.2.1　石家大院平面图·······················071
图 2.2.2　婚房···································072
图 2.2.3　厨房···································072
图 2.2.4　书房···································073
图 2.2.5　主人房会客厅···························073
图 2.2.6　主人房卧室·····························074
图 2.2.7　家学（私塾）···························074
图 2.2.8　戏园···································074
图 2.3.1　乔家大院·································076
图 2.3.2　一院进口·································077
图 2.3.3　一院内第一进院·························078
图 2.3.4　一院内第二进院及主楼（统楼）·········078
图 2.3.5　主楼正厅·································079
图 2.3.6　第二进院内两侧房内场景·················080
图 2.3.7　一院内厨房·····························081
图 2.3.8　三院芝兰第·····························082
图 2.3.9　四院承启第·····························084
图 2.3.10　五院中宪第····························085
图 2.3.11　明楼乔致庸宅邸·······················086
图 2.3.12　五院中二进院外院展示的部分场景·······088
图 2.3.13　乔家学堂·······························089
图 2.4.1　静园布局透视图·························090
图 2.4.2　静园主楼·································091
图 2.4.3　一楼···································092
图 2.4.4　二楼···································093
图 2.5.1　青海马步芳公馆全景图···················094
图 2.5.2　贵宾厅·································095
图 2.5.3　玉石厅·································096
图 2.5.4　正院外景·································097
图 2.5.5　马步芳居室内陈设·······················097
图 2.5.6　马继援居室内陈设·······················099
图 2.5.7　张训芬居室内陈设·······················100
图 2.5.8　副官楼内陈设···························101
图 2.5.9　参谋室内陈设···························101
图 2.5.10　女眷楼外景····························102
图 2.5.11　女眷楼内蒙古族家具陈设···············102
图 2.5.12　伙房·································103
图 2.5.13　警卫楼内陈设··························104
图 2.5.14　古油坊·································104

图 2.5.15　古水磨·································104
图 2.6.1　湖南张家界老院子大门阁楼···············105
图 2.6.2　老院子外部场景·························106
图 2.6.3　老院子室内场景·························107
图 2.7.1　徐家大院俯视图·························108
图 2.7.2　徐家大院室内陈设·······················108

3

图 3.1.1　南阳府衙平面图·························114
图 3.1.2　南阳府衙全景图·························115
图 3.1.3　大门外照壁·····························115
图 3.1.4　一进院内仪门···························115
图 3.1.5　大堂外景·································116
图 3.1.6　大堂内陈设·····························116
图 3.1.7　二堂···································118
图 3.1.8　燕思堂正厅·····························119
图 3.1.9　格格房陈设·····························120
图 3.1.10　跟班长随执事房陈设···················121
图 3.1.11　寅恭门门房陈设·······················122
图 3.1.12　三堂东厢室内陈设·····················123
图 3.1.13　三堂其他家具场景·····················124
图 3.2.1　内乡县衙布局模型·······················125
图 3.2.2　大堂···································126
图 3.2.3　二堂陈设（蜡像）·······················127
图 3.2.4　内宅部分家具···························128
图 3.3.1　淮安府衙平面图·························129
图 3.3.2　江苏淮安府署···························130
图 3.3.3　淮安府衙工科···························131
图 3.3.4　淮安府衙礼科···························131
图 3.3.5　淮安府衙刑科···························132
图 3.3.6　淮安府衙户科···························132
图 3.3.7　淮安府衙兵科···························133
图 3.3.8　淮安府衙吏科···························133
图 3.3.9　淮安府大堂·····························134
图 3.3.10　淮安府二堂····························135
图 3.3.11　淮安府宝翰堂··························136
图 3.4.1　河间府衙·································137
图 3.4.2　大堂陈设·································138
图 3.4.3　二堂陈设·································139
图 3.4.4　内宅陈设·································140
图 3.5.1　保定直隶总督署平面布局图···············141
图 3.5.2　大堂···································142
图 3.5.3　二堂陈设·································143
图 3.5.4　内宅家具场景···························144

4

图 4.1.1　山东曲阜孔庙平面图 ················151
图 4.1.2　大成殿场景 ························152
图 4.1.3　其他场景 ··························153
图 4.2.1　山东曲阜孔府平面图 ···············155
图 4.2.2　孔府大门 ··························156
图 4.2.3　孔府二门 ··························156
图 4.2.4　孔府重光门 ························157
图 4.2.5　大堂场景 ··························158
图 4.2.6　二堂场景 ··························159
图 4.2.7　三堂场景 ··························160
图 4.2.8　前上房场景 ························161
图 4.2.9　前堂楼场景 ························163
图 4.2.10　后堂楼场景 ·······················165
图 4.2.11　忠恕堂场景 ·······················167
图 4.2.12　红萼轩场景 ·······················167
图 4.3.1　浙江杭州灵隐寺平面布局图 ·········168
图 4.3.2　大雄宝殿场景 ······················169
图 4.3.3　济公殿场景 ························173
图 4.3.4　天王殿场景 ························174
图 4.3.5　罗汉堂中的神龛 ····················175
图 4.4.1　河南洛阳白马寺鸟瞰图 ·············176
图 4.4.2　白马寺场景 ························177

5

图 5.1.1　苏州拙政园平面图 ··················180
图 5.1.2　苏州拙政园客厅 ····················181
图 5.1.3　苏州拙政园大厅 ····················181
图 5.2.1　乌镇平面图 ························182
图 5.2.2　乌镇部分家具场景 ··················183
图 5.3.1　扬州何园平面图 ····················187
图 5.3.2　楠木厅 ····························188
图 5.3.3　读书楼 ····························189
图 5.3.4　赏月楼 ····························190
图 5.3.5　主人卧室——西式 ··················191
图 5.3.6　主人卧室——中式 ··················191
图 5.3.7　主人书房——西式 ··················192
图 5.3.8　主人书房——中式 ··················192
图 5.3.9　史料陈列 ··························193
图 5.3.10　小姐房 ···························194
图 5.3.11　蝴蝶厅 ···························195
图 5.3.12　赵妈居室 ·························195
图 5.3.13　吉水祖物 ·························196
图 5.3.14　农具陈列室 ·······················196
图 5.3.15　何氏家祠 ·························197

图 5.4.1　扬州个园平面图 ····················199
图 5.4.2　宜雨轩 ····························200
图 5.4.3　清美堂 ····························201
图 5.4.4　汉学堂 ····························201
图 5.4.5　餐厅 ······························201
图 5.4.6　客厅 ······························202
图 5.4.7　书房 ······························204
图 5.4.8　厅廊 ······························204
图 5.4.9　厨房 ······························204
图 5.5.1　南京瞻园平面图 ····················206
图 5.5.2　客厅 ······························207
图 5.5.3　书房 ······························207
图 5.5.4　过道 ······························207
图 5.6.1　梅园平面图 ························208
图 5.6.2　诵幽堂 ····························209
图 5.6.3　香海轩 ····························210
图 5.6.4　乐农别墅 ··························211
图 5.6.5　远香馆 ····························212
图 5.7.1　无锡寄畅园平面图 ··················213
图 5.7.2　无锡寄畅园入口 ····················214
图 5.7.3　凤谷行窝 ··························215
图 5.7.4　秉礼堂 ····························216
图 5.7.5　含贞斋 ····························217
图 5.7.6　嘉树堂 ····························218
图 5.7.7　卧云堂 ····························219
图 5.8.1　东坡书院 ··························220
图 5.8.2　东坡书院中部分家具场景 ···········221
图 5.9.1　东莞可园平面图 ····················222
图 5.9.2　客厅 ······························223
图 5.9.3　棋室 ······························226
图 5.9.4　书房 ······························226
图 5.9.5　卧室 ······························227
图 5.9.6　户外 ······························227
图 5.10.1　河南康百万庄园 ···················228
图 5.10.2　康百万庄园分布图 ·················229
图 5.10.3　迎客厅 ···························231
图 5.10.4　钱庄 ·····························232
图 5.10.5　货样室 ···························233
图 5.10.6　贵宾室 ···························234
图 5.10.7　庶务室 ···························235
图 5.10.8　辨银室 ···························236
图 5.10.9　账房 ·····························236
图 5.10.10　相公述职室 ······················237
图 5.10.11　芝兰室 ··························238
图 5.10.12　金银库 ··························239
图 5.10.13　议事室 ··························239

图 5.10.14　过厅 ………………………… 240
图 5.10.15　中年居 ……………………… 241
图 5.10.16　新婚室 ……………………… 242
图 5.10.17　老年居 ……………………… 243
图 5.10.18　窑楼 ………………………… 244
图 5.10.19　上房窑 ……………………… 244
图 5.10.20　儿童居 ……………………… 245
图 5.10.21　小姐闺房 …………………… 245
图 5.10.22　东花厅 ……………………… 246
图 5.10.23　文职居室 …………………… 246
图 5.10.24　武职居室 …………………… 247
图 5.10.25　西席室 ……………………… 248
图 5.10.26　相公窑 ……………………… 249
图 5.10.27　康家茅厕 …………………… 249
图 5.10.28　吸毒、赌博室 ……………… 250
图 5.10.29　纺织工艺展室 ……………… 251
图 5.10.30　农具展室 …………………… 251
图 5.10.31　积德行善展室 ……………… 252
图 5.10.32　义赒仁里展室 ……………… 252
图 5.10.33　迎接光绪、慈禧回銮 ……… 253
图 5.11.1　河南安阳马家大院平面图 …… 255
图 5.11.2　卧室 ………………………… 256
图 5.11.3　客厅 ………………………… 257
图 5.12.1　姜氏庄园 …………………… 258
图 5.12.2　姜氏庄园部分家具场景 …… 259
图 5.13.1　刘氏庄园全景图 …………… 261
图 5.13.2　大厅 ………………………… 262
图 5.13.3　内花园 ……………………… 262
图 5.13.4　内院 ………………………… 263
图 5.13.5　佛堂 ………………………… 267
图 5.14.1　陈氏书院 …………………… 268
图 5.14.2　陈氏书院内部分家具场景 … 270
图 5.15.1　苏州启园 …………………… 276
图 5.15.2　启园内部分家具场景 ……… 278
图 5.16.1　扬州瘦西湖入口 …………… 280
图 5.16.2　扬州瘦西湖平面图 ………… 281
图 5.16.3　扬州瘦西湖部分家具场景 … 282

6

图 6.1.1　金农画室 ……………………… 287
图 6.1.2　金农大厅 ……………………… 288
图 6.1.3　金农卧室 ……………………… 288
图 6.1.4　扬州八怪现代家具展示 ……… 289
图 6.2.1　厨房 …………………………… 294
图 6.2.2　洞房 …………………………… 295
图 6.2.3　闺房 …………………………… 295

图 6.2.4　花轿 …………………………… 296
图 6.2.5　家塾 …………………………… 296
图 6.2.6　卧房 …………………………… 297
图 6.2.7　棋牌室 ………………………… 297
图 6.2.8　沐浴间 ………………………… 297
图 6.3.1　主人房 ………………………… 298
图 6.3.2　大厅 …………………………… 300
图 6.3.3　内厅 …………………………… 300
图 6.4.1　薛福成故居家具场景 ………… 302
图 6.5.1　李鸿章故居大门 ……………… 304
图 6.5.2　中厅 …………………………… 305
图 6.5.3　小姐楼 ………………………… 306
图 6.6.1　黄山赛金花故居外景 ………… 308
图 6.6.2　黄山赛金花故居场景 ………… 309
图 6.7.1　鲁迅故居局部外景 …………… 310
图 6.7.2　鲁迅故居部分家具场景 ……… 311
图 6.8.1　胡雪岩故居部分家具场景 …… 312
图 6.9.1　黄炎培故居 …………………… 315
图 6.9.2　黄炎培故居部分家具场景 …… 316
图 6.10.1　孙中山故居外景 …………… 319
图 6.10.2　孙中山故居部分家具场景 … 320
图 6.11.1　江门梁启超故居外景 ……… 324
图 6.11.2　江门梁启超故居部分家具场景 … 325
图 6.12.1　天津梁启超故居平面布局图 … 327
图 6.12.2　主楼（现为梁启超纪念馆展室） … 328
图 6.12.3　主楼一楼书房场景 ………… 328
图 6.12.4　饮冰室建筑外立面 ………… 329
图 6.12.5　饮冰室一楼布局 …………… 329
图 6.12.6　饮冰室一楼主要场景 ……… 330
图 6.12.7　饮冰室二楼布局 …………… 332
图 6.12.8　饮冰室二楼主要家具场景 … 332
图 6.13.1　曾国藩故居 ………………… 334
图 6.13.2　富厚堂中部分家具场景 …… 335
图 6.14.1　凤凰古城沈从文故居 ……… 336
图 6.14.2　沈从文故居部分家具场景 … 336
图 6.15.1　北京齐白石故居 …………… 338
图 6.15.2　北京齐白石故居部分家具场景 … 339
图 6.16.1　华清池五间厅 ……………… 341
图 6.16.2　西安华清池蒋介石行辕部分家具场景 … 342
图 6.17.1　美庐别墅中部分家具场景 … 344
图 6.18.1　萧红故居大门 ……………… 346
图 6.18.2　萧红故居部分家具场景 …… 347
图 6.19.1　丰子恺故居正门 …………… 349
图 6.19.2　丰子恺故居部分家具场景 … 350
图 6.20.1　顾毓琇故居部分家具场景 … 353
图 6.21.1　祝大椿故居部分家具场景 … 354

图 6.22.1　钱钟书故居部分家具场景⋯⋯⋯⋯⋯356
图 6.23.1　湖北张居正故居⋯⋯⋯⋯⋯⋯⋯⋯358
图 6.23.2　张居正故居部分家具场景⋯⋯⋯⋯359
图 6.24.1　成都杜甫草堂⋯⋯⋯⋯⋯⋯⋯⋯⋯360
图 6.24.2　木渎严家淦故居部分家具场景⋯⋯362
图 6.24.3　何香凝旧居部分家具场景⋯⋯⋯⋯363
图 6.24.4　欧阳予旧居部分家具场景⋯⋯⋯⋯364
图 6.24.5　宋庆龄故居部分家具场景⋯⋯⋯⋯365

7

图 7.1.1　胶州民居·堂屋家具场景⋯⋯⋯⋯⋯368
图 7.1.2　胶州民居·卧室家具场景⋯⋯⋯⋯⋯369
图 7.1.3　胶州民居·厨房家具场景⋯⋯⋯⋯⋯371
图 7.2.1　西溪农家·卧室家具场景⋯⋯⋯⋯⋯372
图 7.2.2　西溪农家·客厅家具场景⋯⋯⋯⋯⋯373
图 7.2.3　西溪农家·厨房家具场景⋯⋯⋯⋯⋯374
图 7.3.1　土楼民居家具场景⋯⋯⋯⋯⋯⋯⋯⋯375
图 7.3.2　土楼博物馆中家具场景⋯⋯⋯⋯⋯⋯379
图 7.4.1　培田村·院内家具场景⋯⋯⋯⋯⋯⋯381
图 7.4.2　培田村·堂屋及客厅家具场景⋯⋯⋯382
图 7.4.3　培田村·教室家具场景⋯⋯⋯⋯⋯⋯383
图 7.5.1　珠海民居·卧室家具场景⋯⋯⋯⋯⋯384
图 7.5.2　珠海民居·厨房家具场景⋯⋯⋯⋯⋯385
图 7.5.3　珠海民居·磨坊家具场景⋯⋯⋯⋯⋯385
图 7.6.1　婺源民居·堂屋家具场景⋯⋯⋯⋯⋯386
图 7.6.2　婺源民居·其他家具场景⋯⋯⋯⋯⋯387
图 7.7.1　安义古村落·堂屋及客厅家具场景⋯389
图 7.7.2　安义古村落·卧室家具场景⋯⋯⋯⋯391
图 7.7.3　安义古村落·厨房家具场景⋯⋯⋯⋯391
图 7.7.4　安义古村落·其他家具场景⋯⋯⋯⋯391
图 7.8.1　陈履生故居家具场景⋯⋯⋯⋯⋯⋯⋯392
图 7.8.2　王乃壮故居家具场景⋯⋯⋯⋯⋯⋯⋯393
图 7.8.3　包泡先生故居家具场景⋯⋯⋯⋯⋯⋯394
图 7.8.4　北京某宅堂内清代家具场景⋯⋯⋯⋯396
图 7.8.5　北京民居中其他家具场景⋯⋯⋯⋯⋯397
图 7.9.1　湖广会馆·客厅家具场景⋯⋯⋯⋯⋯398
图 7.9.2　湖广会馆·祠堂家具场景⋯⋯⋯⋯⋯398

图 7.9.3　湖广会馆·茶馆家具场景⋯⋯⋯⋯⋯399
图 7.9.4　湖广会馆·其他家具场景⋯⋯⋯⋯⋯399
图 7.10.1　周恩来铁岭读书旧址⋯⋯⋯⋯⋯⋯400
图 7.10.2　林枫故居家具场景⋯⋯⋯⋯⋯⋯⋯401
图 7.10.3　沈阳少帅府家具场景⋯⋯⋯⋯⋯⋯402
图 7.11.1　洛阳某民居客厅陈设⋯⋯⋯⋯⋯⋯405
图 7.11.2　郑州某展馆客厅家具⋯⋯⋯⋯⋯⋯405
图 7.11.3　朱仙镇天成年画作坊⋯⋯⋯⋯⋯⋯406
图 7.12.1　广西民居·客厅家具场景⋯⋯⋯⋯407
图 7.12.2　广西民居·厨房家具场景⋯⋯⋯⋯408
图 7.12.3　广西民居·其他家具场景⋯⋯⋯⋯408
图 7.13.1　文昌宋氏祖居家具场景⋯⋯⋯⋯⋯409
图 7.13.2　文昌民居家具场景⋯⋯⋯⋯⋯⋯⋯410
图 7.14.1　天津石家大院家具场景⋯⋯⋯⋯⋯411
图 7.14.2　天津戏剧博物馆中的戏园及戏台藻井⋯414
图 7.14.3　杨柳青年画作坊内场景⋯⋯⋯⋯⋯414
图 7.14.4　蓟县香格里山庄家具场景⋯⋯⋯⋯415
图 7.14.5　蓟县小自在山庄的大厅⋯⋯⋯⋯⋯416
图 7.15.1　杨露禅故居中的客厅⋯⋯⋯⋯⋯⋯417
图 7.15.2　于家石头村家具场景⋯⋯⋯⋯⋯⋯417
图 7.16.1　甘肃夏河民居家具场景⋯⋯⋯⋯⋯419
图 7.16.2　天水南宅子家具场景⋯⋯⋯⋯⋯⋯420
图 7.17.1　高椅村·厨房家具场景⋯⋯⋯⋯⋯423
图 7.17.2　高椅村·其他家具场景⋯⋯⋯⋯⋯424
图 7.18.1　徽州民居·堂屋及客厅家具场景⋯425
图 7.18.2　徽州民居·卧室家具场景⋯⋯⋯⋯428
图 7.18.3　徽州民居·其他家具场景⋯⋯⋯⋯428
图 7.19.1　祁县乔家大院·堂屋及客厅家具场景⋯⋯429
图 7.19.2　祁县乔家大院·卧室家具场景⋯⋯430
图 7.19.3　祁县乔家大院·其他家具场景⋯⋯431
图 7.20.1　南通蓝印花布博物馆家具场景⋯⋯432
图 7.20.2　苏州怡园琴室场景⋯⋯⋯⋯⋯⋯⋯433
图 7.20.3　宜兴徐秀棠大师故居家具场景⋯⋯433
图 7.20.4　木渎古镇民居家具场景⋯⋯⋯⋯⋯434
图 7.21.1　都江堰街子古镇家具场景⋯⋯⋯⋯435
图 7.21.2　大邑安仁古镇家具场景⋯⋯⋯⋯⋯438
图 7.21.3　都江堰文庙家具场景⋯⋯⋯⋯⋯⋯440

后 记

我国城市化的快速发展，对传统文化的解构和破坏是显而易见的，各地无数传统建筑和家具已不复存在。综观全球，2008 年的世界经济危机对传统家具产业造成较大冲击，传统家具图书的出版也不断降温。在这样的背景下，《中华民族传统家具大典》的编委们怀着拯救中国传统文化的强烈责任心和使命感，克服种种困难，历时 5 年，编纂出这部世界家具史上第一部综合性中国传统家具大典。我作为主编，倍感欣慰！

看着眼前堆积如山的书稿，回首过去 5 年里的点点滴滴，我很激动，也很感慨。5 年来，编委们对 30 多年来收集的海量家具资料进行了深入研究，对书稿进行了细致的推敲，从 4 万多张图片中认真挑选，注重细节，精益求精。行将付梓的这部书稿涉及的中国传统家具覆盖全国 23 个省（自治区、直辖市）和 16 个民族，堪称中国传统家具的百科全书。

为了确保本书的学术权威性、系统性和传承性，在成书过程中，南京林业大学张齐生院士、东北林业大学李坚院士和日本千叶大学名誉教授宫崎清先生为本书的编写提供了很多指导和帮助；20 多位编委不计任何报酬，在繁忙的工作中挤出时间，认真阅读和分析了家具界老一辈专家的研究成果，参考了国内外已出版的各种古典家具图书、论文及其相关资料；不少兄弟院校、传统家具企业的领导和设计师们为我们提供了热情支持和无私帮助；我的几届数十名研究生在传统家具图片的收集、分类、处理和整理上费尽了心血。

清华大学出版社的张秋玲编审，亲自策划、亲自指导，对这部书的出版计划进行了一次又一次调整，书稿规模增加到最初计划的 3 倍，装帧形式也从最初的黑白简装版改为现在的彩色精装版，使读者能够更真切地体会到中国传统家具的美妙；她还亲自拨冗担任责任编辑，以高度的责任心对书稿进行了多次审阅和修改，不断推敲、反复锤炼，不放过书中任何一个有疑点的数据、费解的字句甚至标点符号。

许美琪教授不顾年迈体弱，对本书进行了认真审查；南京林业大学周橙旻副教授和天津城建大学张小开副教授，默默无闻、任劳任怨地承担了一次又一次的书稿修改和汇总工作……正是因为他们的无私付出，才使这部大典能够如期和读者见面。

在此，谨向所有关心、支持和帮助本书出版的单位和专家表示最衷心的感谢！

由于我们经验不足，研究条件有限，第一次承担这样大的课题难免会出现一些疏漏，恳请广大读者和专家批评指教！

张福昌

2016 年 3 月 8 日凌晨